Dnyaneshwar Jagtap
Uttam Mahadkar

Métodos de estabelecimento do arroz em Konkan, Maharashtra

Dnyaneshwar Jagtap
Uttam Mahadkar

Métodos de estabelecimento do arroz em Konkan, Maharashtra

ScienciaScripts

Cover image: www.ingimage.com

This book is a translation from the original published under ISBN 978-3-330-32976-8.

Publisher:
Sciencia Scripts
is a trademark of
Dodo Books Indian Ocean Ltd. and OmniScriptum S.R.L publishing group

120 High Road, East Finchley, London, N2 9ED, United Kingdom
Str. Armeneasca 28/1, office 1, Chisinau MD-2012, Republic of Moldova, Europe
Printed at: see last page
ISBN: 978-620-7-60724-2

Capítulo I

INTRODUÇÃO

O arroz é uma das culturas alimentares mais importantes do mundo. O arroz é o alimento de base para a maioria das pessoas na Ásia. A região da Ásia-Pacífico produz e consome mais de 90% das necessidades mundiais de arroz. Por conseguinte, o arroz não é apenas um alimento de base na região, mas também um modo de vida. O arroz cresce desde as regiões tropicais até às regiões subtropicais temperadas quentes, até 40^0 S e 50^0 N do equador. A nível mundial, o arroz é cultivado em cerca de 155,3 milhões de hectares, com uma produção total de 426,00 milhões de toneladas (Anonymous 2009a).

Na Índia, o arroz é cultivado numa superfície de 43,75 milhões de hectares e a produção ascende a 85,3 milhões de toneladas (Anonymous 2009b). A Índia tem a maior área de cultivo de arroz do mundo. Em Maharashtra, o arroz é a terceira cultura cerealífera mais importante. A área total cultivada é de cerca de 15,50 lakh hectares, com uma produção anual de 28,55 lakh toneladas. Na região de Konkan, no estado de Maharashtra, o arroz é cultivado numa área de 4,30 hectares e produz 10,25 lakh toneladas (Anonymous 2008). A produtividade média do arroz é de 2,13 t/ha na Índia e de 1,68 t/ha em Maharashtra^{-1} , muito abaixo da média mundial de 3,7 t/ha^{-1} . As principais razões para esta baixa produtividade e rentabilidade são *os caprichos* da natureza, a baixa eficiência da utilização de fertilizantes, a má gestão das culturas e o apego dos agricultores aos métodos tradicionais de cultivo.

Tradicionalmente, o arroz é cultivado em tanques no Konkan, onde as plântulas são cultivadas segundo o método tradicional "*Rab*" e as plântulas com 3 a 6 semanas são transplantadas à mão para os campos de arroz. Cerca de 87% dos produtores de arroz da região do Konkan utilizam o método "*Rab*" (Anónimo, 1997), que exige a utilização de uma grande quantidade de mão de obra e a incineração de grandes quantidades de resíduos orgânicos (1,9, 1,4, 1,5 e 0,5 toneladas de estrume seco, galhos, palha de arroz e folhagem florestal, respetivamente). Cerca de 1.000 m^2 de material de viveiro são suficientes para plantar um hectare de terra, a um custo de cerca de Rs. 4.205 (Pawar e Pandey, 1993 e Pawar, 1997). Além disso, esta prática tem muitas desvantagens directas, nomeadamente a poluição atmosférica, árvores atrofiadas que morrem todos os anos, chuvas fortes que levam a uma maior erosão do solo, risco de incêndio e efeitos negativos indirectos, nomeadamente deslizamentos de terras que levam ao assoreamento de reservatórios de água, à redução da sua capacidade de armazenamento de água, a inundações durante a monção e à escassez de água durante a estação magra.

O arroz obtido por transplantação permite obter rendimentos de grãos mais elevados do que o arroz de sementeira direta (DSR), porque as ervas daninhas são destruídas antes da transplantação e suprimidas através da manutenção do nível de água no campo bombeado; o espaçamento adequado das plantas e o seu estande ótimo, bem como a redução da perda de nutrientes, são outras vantagens. No entanto, a transplantação manual de arroz implica operações de mão de obra intensiva, como a criação de viveiros, o desenraizamento, o transporte, a transplantação e a transplantação, que são morosas e dispendiosas.

A produtividade do arroz é baixa devido ao facto de as plântulas serem semeadas demasiado tarde nos viveiros e as plantas serem transplantadas demasiado tarde, devido a métodos de cultivo incorrectos e à utilização de poucos ou nenhuns fertilizantes. O segredo para aumentar a produtividade reside sobretudo na transplantação na altura certa e na fertilização correcta das plantas. No que respeita à transplantação, a disponibilidade de mão de obra é o principal obstáculo na região. Em caso de falta de mão de obra, os agricultores têm prioridade na transplantação do arroz. Consequentemente, o estabelecimento da cultura é muito lento com o método de sementeira em linha, o que resulta em rendimentos mais baixos da cultura.

Noutras regiões do país, o arroz é geralmente cultivado por sementeira. Contudo, na região *do Konkan, o arroz* é geralmente cultivado em viveiros e transplantado para os campos. Embora o rendimento da transplantação seja superior ao da sementeira direta, é evidente que a transplantação exige mais mão de obra para escavar e transplantar as plântulas, o que consome muito tempo e é inviável dada a rápida industrialização na região, devido à escassez de mão de obra e ao aumento dos salários. A falta de mão de obra já se faz sentir há algum tempo nas zonas rurais, pelo que não há outra alternativa senão a sementeira direta do arroz, que é mais rápida e pode tornar-se economicamente viável. Não foram efectuados estudos sistemáticos nesta região sobre o desempenho do arroz de sementeira direta antes e depois da monção, em comparação com a transplantação, o método thomba e a técnica SRI.

Entre as várias práticas agronómicas, a utilização sensata de fertilizantes é uma das estratégias mais importantes para aumentar a produção de arroz por unidade de superfície. A criação de variedades de elevado rendimento lançou as bases da produção de arroz na Índia. Estas variedades melhoradas podem proporcionar o rendimento esperado por unidade de superfície se forem cultivadas em condições ambientais favoráveis, sem as quais não podem desenvolver o seu potencial máximo de rendimento. As variedades de elevado rendimento são muito sensíveis aos fertilizantes. Os fertilizantes são o principal fator de aumento da produção agrícola e da produtividade do solo. Por conseguinte, é necessário utilizar os fertilizantes de forma eficaz para aumentar a produtividade. No entanto, os preços dos fertilizantes estão a aumentar devido ao aumento dos custos de produção provocado pela crise energética mundial. Por outro lado, a eficiência da utilização de fertilizantes no arroz transplantado é geralmente baixa. É por esta razão que a utilização eficiente dos fertilizantes é tão importante nos países em desenvolvimento, onde a produção agrícola deve ser mantida a um nível adequado.

Há muitas maneiras de melhorar a eficiência da utilização de fertilizantes. Uma forma simples consiste em escolher uma fonte adequada de fertilizantes, adaptada à situação específica do solo, da cultura e da água. Os agricultores têm uma vasta escolha de fertilizantes de diferentes fontes para fornecer elementos essenciais. Os agricultores precisam de ser aconselhados sobre o tipo de fertilizante que seria mais eficaz numa determinada situação.

A produtividade do arroz pode ser maximizada através de uma utilização equilibrada dos fertilizantes (Purohit 1997). Em particular, os principais nutrientes, o azoto (N), o fósforo (P) e o potássio (K), devem ser fornecidos em quantidades óptimas. Lindt (1953) descreveu o azoto como o "pino rei" na fertilização do arroz, porque reage quase universalmente à sua aplicação na maioria das condições geofísicas. O arroz híbrido absorve mais azoto durante o crescimento reprodutivo do que as variedades de arroz convencionais. Para além do azoto, o fósforo é um elemento complementar importante para aumentar o rendimento do arroz. É um componente importante do ácido nucleico. A deficiência de fósforo no arroz leva a uma redução da altura das plantas e do número de transplantações^{-1} . Também melhora a qualidade e ajuda a disponibilizar outros nutrientes (Bhattacharya e Chatterjee 1978). De todos os cereais e painços, o arroz responde melhor ao potássio, pois promove a respiração saudável das raízes e o perfilhamento sob a água. A absorção de 'K' é maior do que a de qualquer outro nutriente, e um baixo teor de potássio no solo aumenta a resposta ao fornecimento de potássio no arroz (Govhane 2001).

O azoto é um fator de produção importante para melhorar a produtividade do arroz. A baixa utilização do azoto aplicado pelas plantas é atribuída a perdas devidas à desnitrificação, à volatilização do amoníaco, ao escoamento superficial e à imobilização. Se fosse possível aumentar a eficiência da utilização do azoto para mais de 50%, aplicando-o em profundidade no solo sob a forma de ureia modificada, não só se melhoraria a eficiência da utilização do azoto a nível da exploração agrícola, como também se aumentaria a produção de arroz. A baixa eficiência do azoto chamou a atenção para o desenvolvimento de melhores práticas de gestão, embora já tenham sido feitos esforços, mas ainda não se observaram efeitos significativos, exceto no caso do arroz transplantado. A aplicação de fertilizantes sob a forma de briquetes parece ser uma prática de gestão prometedora em condições de precipitação intensa. Os custos adicionais associados à briquetagem de fertilizantes e ao seu espalhamento podem ser compensados pela poupança de fertilizantes e por rendimentos mais elevados do que os das práticas de fertilização atualmente recomendadas (Bulbule *et al.* 2005).

As principais zonas de cultivo de arroz da região são solos argilosos e muito arenosos. Estes solos caracterizam-se por uma baixa fertilidade e uma fraca capacidade de retenção de água. A utilização de fertilizantes é um dos principais factores determinantes da rentabilidade do arroz cultivado nestes solos. A eficiência da utilização de fertilizantes é baixa na região devido à forte pluviosidade, e estudos mostram que a utilização de briquetes melhora a eficiência da utilização de fertilizantes (Tondon, 1992). Consequentemente, a utilização de briquetes de fertilizantes é uma das principais componentes da agricultura intensiva. Os fertilizantes directos são, sem dúvida, fontes importantes e facilmente disponíveis de nutrientes que podem satisfazer as necessidades nutricionais das plantas, mas a sua fraca disponibilidade para as plantas, devido à lixiviação e a outras perdas, resulta em baixos rendimentos. A maioria dos agricultores de Konkan são pequenos e marginais. Por conseguinte, é aconselhável otimizar a utilização de briquetes de fertilizantes, a fim de obter rendimentos mais elevados e de melhor qualidade e manter os custos de produção a um nível sustentável. Existe informação disponível sobre as necessidades nutricionais das plantas que precisam de ser abastecidas com fertilizantes simples. No entanto, há falta de informação sobre as necessidades de nutrientes do arroz, que foram determinadas através da comparação de diferentes fontes de fertilizantes.

É no contexto destas considerações que o presente estudo, intitulado "ESTUDOS SOBRE A REACÇÃO DO ARROZ HÍBRIDO A DIFERENTES MÉTODOS DE CRESCIMENTO E APLICAÇÕES DE FERTILIZANTES EM SITUAÇÕES COLINEIRAS", foi realizado durante duas épocas na Quinta Agronómica, Faculdade de Agricultura, Dapoli, durante a *Kharif* em 2009 e 2010, com os seguintes objectivos

1. Avaliação de métodos de cultivo adequados para o arroz híbrido nas terras altas de Konkan.
2. Avaliação das fontes de fertilizantes adequadas para o arroz híbrido nas terras altas de Konkan.
3. Determinar os efeitos de interação dos tratamentos.
4. Descobrir a economia.

CAPÍTULO II

REVISÃO DA LITERATURA

Este capítulo apresenta uma breve panorâmica da literatura sobre os diferentes métodos de cultivo e fontes de fertilizantes no que se refere ao crescimento do arroz, características de rendimento, rendimento e absorção de nutrientes.

2.1 Impacto dos métodos de cultivo

2.1.1 Efeitos no crescimento e rendimento das plantas

Ramaiah (1937) e Bhandall (1947) verificaram que as plantas transplantadas tinham um melhor desempenho do que as plantas semeadas diretamente. O melhor desempenho das plantas transplantadas foi atribuído à lesão do sistema radicular das plântulas causada quando as plântulas foram retiradas do viveiro para serem transplantadas, o que foi semelhante a cortar as raízes, o que estimulou o crescimento de secções subordinadas e resultou num aumento da lavoura e, por conseguinte, em melhores rendimentos. No seu estudo, Dawood *et al* (1971) verificaram que não havia diferenças significativas na altura da planta e no comprimento da panícula entre a sementeira direta e a transplantação, mas que o peso de 1000 grãos e o número de plantas produtivas por planta eram mais elevados com a transplantação do que com a sementeira direta. Rajgopalan *et al* (1971) verificaram que o rendimento de grãos mais elevado da transplantação convencional em comparação com a sementeira direta e o Dapog se deveu a um maior peso da panícula, mais grãos depositados por panícula e mais panículas por metro quadrado.

Singh *et al* (1973) relataram um rendimento de grãos mais baixo do arroz de plantio direto em comparação com o transplante, devido a uma maior infestação de ervas daninhas e a uma redução significativa nas características que aumentam o rendimento, como o número de espigas por planta e o número de grãos por panícula. A produção de pólen estável (panículas) foi muito menor na sementeira do que na transplantação, provavelmente devido à elevada mortalidade do pólen e à relativamente fraca fixação do solo na base da planta durante o método de sementeira. Também relataram que a transplantação de arroz superou todos os outros métodos de sementeira direta por uma margem considerável na produção de grãos. A transplantação produziu mais 25,1 por cento do que a sementeira direta utilizando o método de dispersão.

Bhatnagar e Sharma (1975) concluíram que a transplantação dava um rendimento de arroz significativamente mais elevado do que outros métodos de sementeira direta. Entre os métodos de sementeira direta, a sementeira atrás da charrua num campo de poças, em condições de humidade adequadas, deu um rendimento de grãos mais elevado do que os outros métodos. O método de espalhamento registou o menor rendimento de grãos de arroz. Mangal Prasad *et al* (1980) registaram o maior rendimento e absorção de azoto para o arroz quando transplantado, e o menor quando semeado diretamente.

Singh *et al* (1997) observaram, num ensaio de dois anos em Ranchi sobre o método e a época de plantação de arroz de diferentes variedades, que o arroz transplantado deu um rendimento de grãos 10,4% superior ao do arroz semeado diretamente (28,69 q ha^{-1}), devido a um aumento de 8,7% no pólen produtivo e a um aumento de 5,6% no número de grãos cheios na $panícula^{-1}$. No entanto, a produtividade física manteve-se inalterada em ambos os métodos de cultivo, o que pode ser explicado pelo período de cultivo mais longo do arroz transplantado.

Singh *et al.* (2003) observaram, nas condições franco-argilosas de Faizabad (U.P.), que os rendimentos mais elevados de grão e palha foram obtidos com o método de transplantação (49,24 e 59,84 q ha^{-1}), seguido do método de sementeira húmida (45,74 e 56,96 q ha^{-1}) e os rendimentos mais baixos com o método de sementeira seca (40,83 e 51,22 q ha^{-1}).

Mahajan *et al* (2004) estudaram os métodos de estabelecimento do arroz com as variedades PR 111, PR 113, PR 115, PR 116 e IR 64, semeadas diretamente no campo ou transplantadas como plântulas de 30 dias, num ensaio em Punjab durante a época Kharif 2000/01. A altura das plantas, os dias para o aparecimento de 50% das panículas e o número de panículas foram mais elevados com a sementeira direta do que com o transplante. O arroz transplantado produziu significativamente mais grãos por panícula e um rendimento de grãos mais elevado do que as plantas semeadas diretamente. PR 111, IR 64, PR113 e PR 115 registaram o maior número de panículas, o maior comprimento de panícula, o maior número de grãos por panícula ou o maior peso de 1000 grãos. A PR 155 registou o rendimento mais elevado (64,9 q/ha), enquanto a PR 116 registou o rendimento mais baixo (49,8 q/ha). Os efeitos de interação entre as variedades e o método de sementeira para o rendimento de grãos não foram significativos.

Baloch *et al* (2006) relataram no seu ensaio no CNRRI, China, que o rendimento do arroz e os seus componentes eram significativamente mais elevados com o método de transplantação do que com o método de sementeira direta.

Estudos efectuados por Ganesh *et al* (2006) mostraram um aumento de 25% no rendimento dos grãos quando o SRI foi utilizado para a produção de sementes. Também relataram que o método SRI reduziu o tempo de maturação das culturas em seis dias.

Mangat Ram *et al* (2006) verificaram, na sua investigação na CCSH Agril. University (Haryana) que o transplante resultou na maior altura de planta na maturidade, o maior número de panículas ($^{-2}$), o maior número de grãos na panícula ($^{-1}$) e o maior peso de 1000 grãos, seguido pela semeadura direta em solo úmido. No entanto, a sementeira a seco com o semeador Zero-Till apresentou os valores mais baixos para estas características. A transplantação manual de arroz deu um rendimento de grãos significativamente mais elevado (70,8 q ha^{-1}), seguida da sementeira direta de arroz em solo húmido (58,0 q ha^{-1}), enquanto o rendimento mais baixo foi obtido por sementeira seca com um semeador (51,8 q ha^{-1}) ou por sementeira direta (50 q ha^{-1}).

Sanjay *et al* (2006) efectuaram ensaios na Universidade de Ciências Agrícolas (UAS), Bangalore, durante as épocas de verão e de kharif de 2001, para estudar a produtividade e a rentabilidade do arroz sob diferentes métodos de cultivo. Os dados agrupados das duas estações mostraram que o transplante em linha deu o maior rendimento de grãos (55,33 q ha^{-1}) e a semeadura em tambor deu o maior rendimento de matéria seca (73,65 q ha^{-1}). Os dias para a floração e a maturação de

50% foram 8 a 9 dias mais cedo para o arroz semeado diretamente do que para a planta transplantada.

Singh *et al* (2006) relataram, nas condições de solo argiloso e arenoso de *Allahabad* (U.P.), que os métodos de estabelecimento tiveram efeitos significativos nos atributos de crescimento e rendimento em ambos os anos, ou seja, altura da planta, peso seco do monte^{-1} , plantador de monte efetivo^{-1} , grãos de panícula^{-1} e peso de teste. As plantas transplantadas apresentaram mais características de crescimento do que as plantas semeadas diretamente. O método de transplante superou a sementeira direta com um rendimento de grãos superior de 39,42 q ha^{-1} e 31,05 q ha^{-1} em 2003 e 2004, o que corresponde a um rendimento adicional de 11,3% e 11,7%, respetivamente. O número de grãos na panícula ($^{-1}$) também foi mais elevado nas plantas transplantadas (140) do que nas plantas de sementeira direta (131).

Yadav e Singh (2006) relataram no seu trabalho na N.D. University of Agri. And Tech. em Faizabad (U.P.) relataram que as técnicas de cultivo influenciam significativamente a altura das plantas. As plantas mais altas foram observadas sob plantio direto (82,87 cm), seguido por semeadura em tambor (81,78 cm) e semeadura seca em condições úmidas (80,51 cm). No entanto, o índice de área foliar (LAI) foi maior com o transplante (3,10), seguido pela semeadura em tambor (3,09). O maior número de panículas de grãos^{-1} foi observado durante a semeadura em tambor (111,32 panículas^{-1}), enquanto os métodos de estabelecimento não resultaram em nenhuma diferença significativa no comprimento da panícula. O maior peso de teste foi observado na semeadura em tambor (24,14 g 1000 sementes^{-1}), e o menor na semeadura direta. Também observaram que o transplante deu o maior rendimento de grãos em 2003 e 2004, com 54,72 q ha^{-1} e 55,29 q ha^{-1} , o que corresponde ao da semeadura em tambor (54,53 q ha^{-1} em 2003).

Awan *et al* (2007) relataram que a altura da planta, os perfilhos produtivos/m2, os grãos cheios por panícula, o peso de 1000 grãos, o comprimento da raiz e o rendimento do arroz foram significativamente altos para o transplante em linha e mínimos para a semeadura em linha de sementes embebidas em solo de plantio direto. A esterilidade foi baixa para o transplante em linha (12,53%) e para o método de transplante aleatório dos agricultores (13,07%), mas alta para a sementeira em linha de sementes embebidas em solo não arado (16,05%) e para a propagação de sementes embebidas em solo amassado (15,38%).

Sharma *et al.* (2007) realizaram um ensaio de campo no Bihar Agricultural College, Sabour, Bhagalpur, Índia, entre 2003-04 e 2005-06, para avaliar o desempenho da sementeira convencional, da sementeira direta, da sementeira em faixas e da sementeira em camas de trigo sob diferentes métodos de cultivo do arroz, Estes métodos foram a sementeira direta com um semeador de semente direta, a sementeira direta de sementes germinadas em solo alimentado com um semeador de tambor, a transplantação manual e a transplantação mecânica com uma máquina de transplantação autopropulsora. A transplantação manual (59,75 q ha^{-1}) e a transplantação mecânica de arroz (59,48 q ha^{-1}) com uma máquina de transplantação autopropulsada deram rendimentos de grãos significativamente mais elevados do que a sementeira direta.

Yadov *et al* (2007) descobriram que o sistema convencional tinha um stand maior na maturidade do que o sistema SRI. O sistema convencional, no qual as plantas com 21 a 25 dias de idade foram plantadas a uma taxa de 2 a 3 plantas por monte, mostrou maior resistência ao arrancamento de raízes, um índice de área foliar mais elevado e um índice de colheita mais elevado do que o SRI sob irrigação contínua, bem como um maior rendimento de grãos. As plantas cultivadas convencionalmente produziram panículas mais longas, grãos mais cheios e um peso de 1000 sementes mais elevado do que as plantas SRI. Os rendimentos mais elevados relatados para o método SRI não foram alcançados no estudo, o que provavelmente se deve a (1) uma população mais elevada de ervas daninhas devido à irrigação intermitente e seca, (2) baixa fertilidade do solo na estação experimental e (3) relutância dos agricultores em adquirir mais conhecimentos e/ou aplicar as competências adquiridas no método SRI. Outra explicação possível é que a matéria orgânica precisa de mais de uma época de cultivo para se decompor antes de poder contribuir de forma óptima para a fertilidade do solo. O SRI tem potencial nas condições de Ilocos Norte, com algumas modificações. As pequenas propriedades dos agricultores de Ilocos são bem adaptadas ao SRI. Embora uma boa gestão da água seja um problema, a pequena dimensão das explorações significa um controlo mais fácil da água, o que é necessário para o sucesso do SRI. Da mesma forma, os agricultores com pequenas explorações são mais capazes de praticar a gestão intensiva exigida pelo SRI. Os agricultores de Ilocos Norte já utilizam fertilizantes orgânicos para melhorar a qualidade do solo.

Singh *et al* (2008) descobriram que o método de transplante produziu o maior rendimento de grãos de arroz em três anos (3,56, 3,08 e 3,63 t ha^{-1}), seguido pela semeadura em tambor e plantio direto após o glifosato. Em termos de características de rendimento do arroz, os valores mais elevados também foram registados para o transplante, seguido da sementeira em tambor e da sementeira direta em plantio direto após a pulverização com glifosato em todos os anos. O número de panículas m^{-2} foi maior para o método de transplante (222), seguido pelo plantio direto com semeadora de tambor (219). O número de^{-1} panículas foi maior com o método de transplante.

Saharawat *et al* (2010) referiram que o rendimento do arroz húmido e seco de sementeira direta era 0,45 a 0,61 Mg ha^{-1} inferior ao do arroz transplantado alimentado. O número de panículas m^{-2} foi maior para o arroz de sementeira direta do que para o arroz transplantado. No caso do arroz transplantado, o número de panículas foi 9% inferior ao do arroz semeado diretamente. Em contraste com o número de panículas, o número de grãos por panícula foi 9% inferior no arroz semeado diretamente do que no arroz transplantado. A esterilidade das espiguetas foi maior no arroz de sementeira direta do que no arroz transplantado. A esterilidade das espiguetas situou-se entre 4 e 6% no arroz transplantado, enquanto que no arroz de sementeira direta se situou entre 8 e 10%.

2.1.2 Efeitos na absorção de nutrientes pelas plantas

Mangal Prasad *et al* (1980) referiram que a absorção de azoto pelo arroz era mais elevada quando plantado e mais baixa quando semeado diretamente.

Singh *et al* (2006) concluíram, com base na sua investigação na Universidade Agrícola de Allahabad (U.P.), que a absorção de N, P e K pelo grão e pela palha era significativamente mais elevada para o arroz transplantado (84,1, 15,6, 110,8 kg ha^{-1}) do que para o arroz semeado diretamente (78,2, 14,7, 105,5 kg ha^{-1}).

Gobi *et al* (2008) concluíram, nos seus estudos em TNAU, Coimbatore, que a plantação em linha com 50 m^{-2} registou uma absorção de N significativamente mais elevada na fase de perfilhamento, enquanto a sementeira com 40 m^{-2} proporcionou uma absorção de N mais elevada durante a floração e na fase de colheita. A sementeira com 40 m^{-2} resultou numa absorção significativamente mais elevada de P e K. A sementeira com 40 m também resultou numa absorção significativamente mais elevada de P e K.

Ramesh *et al* (2008) realizaram um ensaio de campo durante a estação Rabi 2001-02 na Universidade Agrícola de Tamil Nadu, Coimbatore, Tamil Nadu, Índia, para desenvolver um método adequado para o estabelecimento de plantas e para desenvolver métodos eficazes de gestão do azoto para o arroz híbrido CoRH2. Os resultados mostraram que, durante os dois anos de ensaio, os métodos de cultivo tiveram um impacto significativo na absorção de nutrientes e melhoraram o estado de fertilidade do solo. Entre os métodos de estabelecimento, a sementeira através de todos os buracos com uma maior quantidade de sementes (M2) registou uma absorção de nutrientes significativamente mais elevada e foi equiparada à transplantação e à sementeira através de todos os outros buracos em ambos os anos.

Dhar *et al* (2009) efectuaram um ensaio de campo durante duas épocas Kharif (2006 e 2007) para avaliar os efeitos do método de cultivo, do espaço de cultivo e da fonte de nutrientes no crescimento e rendimento do arroz nas condições agro-climáticas da região de Jammu. A técnica SRI resultou numa absorção estatisticamente mais elevada de N, P e K pelos grãos do que a técnica convencional.

2.1.3 Economia

Singh *et al* (1997) observaram, num ensaio de dois anos em Ranchi sobre o método e a época de cultivo de arroz de diferentes variedades, que os dois métodos de cultivo não tinham efeitos diferentes no rendimento líquido, no rácio benefício-custo e na produtividade monetária, devido aos custos mais elevados do cultivo transplantado.

Santhi *et al* (1998) concluíram, com base numa experiência realizada no

Tamil Nadu Rice Research Institute, Aduthurai, que os rendimentos líquidos mais elevados foram obtidos com o método de sementeira em tambor (Rs. 13,960 ha^{-1}), seguido da sementeira manual de sementes germinadas (Rs. 13,545 ha^{-1}) e da transplantação (Rs. 11,982 ha^{-1}).

Budhar *et al* (2002) concluíram no seu ensaio na Estação Regional de Investigação (T.N.) que a pulverização manual e o método de sementeira em tambor deram os rendimentos mais elevados de Rs 19.039 e Rs 18.587 por hectare, com uma relação benefício/custo de 2,33 e 2,29, respetivamente.

Sharma *et al* (2005) relataram que não houve diferença significativa no rendimento líquido do arroz entre os métodos de cultivo com e sem bombeamento. No caso de métodos sem bombeamento, os rendimentos líquidos foram de Rs. 13.263 ha^{-1} , enquanto que para o arroz transplantado com bombeamento, foram de Rs. 12.281 ha^{-1} .

Mangat Ram *et al* (2006) relataram que no sistema arroz-trigo, o transplante de arroz produziu a melhor relação benefício/custo (1,76) e o maior rendimento líquido (Rs. 26.959 ha^{-1}), seguido da sementeira direta em solos húmidos (1,63), pelo que o transplante se revelou mais rentável do que outros métodos de cultivo.

Ali *et al* (2006) estudaram uma análise custo-benefício que mostrou que o rácio benefício-custo era sistematicamente mais elevado para o arroz de sequeiro do que para o arroz transplantado.

Sanjay *et al.* (2006) relataram que a sementeira em linha alcançou rendimentos brutos significativamente mais elevados (Rs. 31.158 ha^{-1}) em comparação com a sementeira em tambor (Rs. 30.829 ha^{-1}) e a sementeira em linha (Rs. 22.032 ha^{-1}).

Singh *et al* (2006) relataram que o arroz de semeadura direta tratado com 120:60:60 kg N:P_2O_5:K_2O ha^{-1} e capinado duas vezes à mão teve maior rendimento líquido (Rs. 23224 ha^{-1}). No entanto, um ganho líquido maior foi observado para o arroz transplantado tratado com 120:60:60 kg N:P_2O_5:K_2O ha^{-1} e *Anilofos* @ 0,4 kg a.i. ha^{-1} .

Yadav e Singh (2006) concluíram, no seu ensaio na N.D. University of Agril. and Tech, Faizabad (U.P.), que o lucro líquido mais elevado foi obtido com a sementeira em tambor (Rs. 17 289 ha^{-1}), seguida da transplantação (Rs. 16 996 ha^{-1}). O lucro líquido mais baixo, Rs. 8.330 ha^{-1} , foi registado com a sementeira em seco.

Anitha *et al* (2005) relataram que os custos de cultivo sob SRI (Rs. 19.325 ha^{-1}) foram menores do que os do cultivo convencional de arroz (Rs. 24.215 ha^{-1}). Embora os custos de cultivo fossem mais elevados no sistema convencional, o rendimento de grãos (4.553 kg ha^{-1}) e o rendimento de palha (4.702 kg ha^{-1}) aumentaram no sistema convencional de cultivo de arroz, resultando em retornos líquidos mais elevados no sistema convencional (Rs. 14.709 ha^{-1}) do que no sistema SRI.

Awan *et al* (2007) mostraram que a relação custo/benefício era mais elevada para a plantação em linha (1:1,62) do que para a sementeira direta (1:1,47) devido ao maior rendimento do arroz. Embora o rendimento do arroz fosse mais baixo no caso da sementeira direta, a relação custo/benefício era melhor do que nos outros seis métodos, devido aos custos de cultivo mais baixos. O benefício mais baixo foi obtido com a prática dos agricultores (transplantação aleatória).

Jayadeva *et al* (2008) estudaram que o rácio B:C era mais elevado com o método de estabelecimento do SRI (2,84) do que com o transplante (2,77) e o método aeróbico (2,20). O rácio B:C mais elevado foi atribuído a rendimentos mais elevados de grãos e palha. Outra razão possível poderia ser os custos de cultivo mais elevados com o método de estabelecimento aeróbico em comparação com a transplantação.

Gangwar *et al* (2008) relataram que os rendimentos líquidos mais elevados (Rs 50.405 t ha^{-1}) e a melhor relação custo/benefício (1,20 g/30 cm3) foram registados para o arroz semeado diretamente em comparação com o arroz transplantado.

Ravisankar *et al* (2008) realizaram um ensaio de campo durante a estação das chuvas (*Kharif*) de 2003 e 2004 nas Ilhas Andaman e Nicobar, na Índia, para avaliar o desempenho de três variedades de arroz (C 14-8, Quing Livan No. 1 e Zen-gui-AT 1) sob a influência de quatro métodos de estabelecimento (sementeira húmida à superfície, sementeira húmida anaeróbica, transplante em linha e transplante aleatório). Entre os métodos de estabelecimento, a sementeira húmida anaeróbia deu um rendimento líquido mais elevado (7087 rupias ha^{-1}) do que a sementeira húmida à superfície e a transplantação.

Dhar *et al* (2009) efectuaram um ensaio de campo durante as duas estações Kharif de 2006 e 2007 para avaliar os efeitos do método de cultivo, da distância de transplante e da fonte de nutrientes no crescimento e rendimento do arroz nas condições agro-climáticas da região de Jammu. O rendimento líquido e o rácio B:C foram mais elevados com a técnica SRI do que com o método de transplante convencional.

Hugar *et al* (2009) estudaram que o lucro líquido (Rs. 79.912 ha yr^{-1-1}), o rendimento bruto (Rs. 1.17.432 ha yr^{-1-1}) e a relação B:C (2,13) foram obtidos com o método SRI de cultivo de arroz. Os rendimentos brutos mais baixos (Rs 63.512

ha yr^{-1-1}), rendimentos líquidos (Rs 36.312 ha yr^{-1-1}) e a relação B:C (1,33) foram obtidos usando o método de lavoura zero.

2.2 Efeito de diferentes fontes de fertilizantes

2.2.1 efeitos no crescimento e rendimento das plantas.

Das (1978) e Prasad *et al* (1980) mostraram que a ureia revestida ou tratada dá rendimentos significativamente melhores do que a ureia não tratada.

Mangal Prasad *et al* (1980) relataram que os briquetes de ureia deram o maior rendimento em arroz e foram superiores à ureia revestida com enxofre ou ureia revestida com bolo de neem em termos de absorção de azoto. Todos estes novos fertilizantes azotados eram superiores à ureia.

Talashilkar *et al* (1992) realizaram ensaios de campo geridos por agricultores em inseptisols e ultisols na costa oeste de Maharashtra. Relataram que 2,8 g de briquetes de ureia enriquecidos com fosfato de diamónio (UB-DAP) com uma relação N:P de 4:1, enterrados manualmente em profundidade (1 UB-DAP por 4 montes), eram agronomicamente melhores do que o P aplicado basalmente do que o superfosfato simples e a ureia fraccionada (SSP + PU @ 6080 kg N ha-1 e 15-20 kg P ha-1). A resposta de rendimento foi significativamente maior quando o UB-DAP foi utilizado, com 15-35% menos plantas do que com SSP+PU.

Dafterdar e Savant (1995) relataram os resultados de ensaios conjuntos em arroz transplantado, efectuados em 1992-93 no campo de um agricultor, com uma taxa de aplicação de 56 kg N ha^{-1} por UB-DAP. Eles relataram que a aplicação profunda de briquetes de ureia (UB) ou UB-DAP a 7-10 cm de profundidade no solo (1 briquete por 4 montes) imediatamente após o transplante, a uma distância modificada de 20 x 20 cm, melhorou o rendimento de grãos (4.55 t ha^{-1}) e a produção de palha (6,67 t ha^{-1}) do arroz em comparação com a prática convencional de aplicação fraccionada de UB e aplicação basal de SSP (2,29 t ha^{-1} e 4,54 ha^{-1}) com o mesmo teor de N e P do solo laterítico (pH 6,2).

Mahadkar *et al* (1998) efectuaram ensaios de campo na Agronomy Farm, College of Agriculture, Dapoli, durante a estação Kharif 1995-96 e 1996-97. Os dados resumidos mostraram que a aplicação de fósforo no arroz sob a forma de DAP revestido @ 50 kg P2O5 ha^{-1} deu um rendimento de grãos significativamente mais elevado do que a aplicação de 40 kg P2O5 ha^{-1} por SSP não revestido e controlo.

Mishra *et al* (1998) realizaram um estudo de campo em solos arenosos argilosos (pH 6,3) em Bhubneshwar e descobriram que a aplicação de NUE com briquetes de ureia (UB) + PU com 30 kg ha $cada^{-1}$ (46,4 q $ha-^{1}$ e 35,50%) foi significativamente melhor do que a aplicação espalhada e dividida de 60 kg N por PU (39,6 q ha^{-1} e 27,17%).

Talashilkar *et al.* (2000) efectuaram ensaios de campo em solos lateríticos argilosos (pH 6,12) com a variedade RTN-24 e registaram o maior rendimento de grãos (39,4 q ha^{-1}) e de palha (46,7 q ha^{-1}) quando o UB-DAP foi aplicado em profundidade (@ 60 kg N ha^{-1} e 15 kg P ha^{-1}), e o efeito foi significativamente melhor do que PU e SSP (25,89 q ha^{-1} e 36,49 q ha^{-1}).

Kadam (2001) referiu que a UB aplicada a uma profundidade de 3 a 4 cm era melhor do que a aplicação à superfície. O briquete de ureia aumentou o rendimento de grãos de arroz em comparação com a ureia fraccionada e o rendimento adicional em 0,23 a 1,48 t ha-1 (5 a 83 por cento). Foi possível colocar mecanicamente o briquete de ureia em profundidade e alcançar a eficiência agronómica obtida pela colocação manual da UB. A aplicação profunda de briquetes de ureia-DAP (a 4 colinas-1 U-DAP) aumentou o rendimento de grãos de arroz em 11 a 86 por cento e o rendimento de resíduos em 9 a 62 por cento em comparação com o superfosfato simples e a ureia microgranulada.

Powar e Deshpande (2001) estudaram o efeito da tecnologia agrícola integrada no arroz híbrido sahyadri em solo negro médio (pH 6,8) em RARS, Karjat, durante a *Kharif* 1997 e 1998. Verificaram que o rendimento de grãos obtido por aplicação profunda de UB-DAP era equivalente ao de PU+SSP.

Dhane *et al* (2002) efectuaram um ensaio de campo na Khar Land Research Station Panvel em 1997 e 1998 em solos argilosos. Indicaram claramente que a utilização de UB-DAP, combinada com melhores práticas agrícolas, aumentou o rendimento do grão de arroz em 37% em comparação com o controlo, poupando 44% da dose de fertilizante recomendada.

Bulbule *et al* (2003) efectuaram ensaios de campo na Zonal Agricultural Research Station (Western Ghat Zone), Maharashtra, Índia, para reexaminar o efeito da aplicação em profundidade de briquetes de fertilizantes no arroz transplantado durante a *Kharif* 1996 a *Kharif* 1998, em condições de chuva intensa. Os resultados mostraram que a aplicação de briquetes resultou num aumento constante do rendimento de grãos e palha, quanto maior o teor de azoto, quer modificando o espaçamento, quer aplicando os briquetes aleatoriamente na plantação convencional em linha. No entanto, os rendimentos do arroz foram mais elevados quando os briquetes foram aplicados em intervalos modificados do que quando os briquetes foram aplicados aleatoriamente. A fertilização do arroz com briquetes em intervalos modificados deu rendimentos de 56 kg N/ha, 25% mais elevados do que a taxa convencional recomendada de 100 kg N/ha aplicada com ureia microgranulada. A colocação dos briquetes na zona radicular do arroz melhorou a eficiência da utilização do fertilizante pela planta. A redução da distância lateral entre o ponto de aplicação e os quatro montículos assegurou uma aplicação óptima e uniforme do fertilizante nas plantas. A eficiência agronómica dos briquetes mostrou uma clara superioridade em relação ao fertilizante tradicional.

Pillai (2004) realizou uma experiência de campo em solo laterítico na quinta de investigação, Dept. of Agril. Chemistry and Soil Science, Dapoli, durante a *colheita de* 2003 da variedade de arroz híbrido Sahyadri. Relataram que a aplicação profunda de UB-DAP foi mais eficaz na melhoria dos parâmetros de crescimento (altura da planta, número de folhas, acumulação de matéria seca) e das características de rendimento (número de rebentos, comprimento da panícula), aumentando o rendimento de grãos de 29,63 q ha^{-1} para 63,22 q ha^{-1} , em comparação com a aplicação de azoto a 150 kg ha^{-1} +SSP a 50 kg ha^{-1} .

Bhagat *et al* (2005) conduziram um ensaio de campo na Fazenda da Faculdade de Agricultura, Nagpur, durante o período kharif 2003-2004 em solo argiloso (pH 7,8) com a variedade de arroz Sakoli-6 e descobriram que a aplicação da taxa recomendada de fertilizante NPK (100:50:50 kg ha^{-1}) através de briquetes melhorou a altura da planta, o peso do grão testado, o rendimento de grãos e palha (44,28 q ha^{-1} e 59,78 q ha^{-1} respetivamente). Isto provou ser eficaz na melhoria de todas as características de crescimento e rendimento, bem como nos rendimentos de grão e palha.

Bowen *et al* (2005) relataram que o aumento de rendimento obtido com o armazenamento profundo de ureia foi alcançado com uma quantidade significativamente menor de fertilizante de ureia. O armazenamento profundo de ureia resultou em maiores rendimentos de grãos e maior eficiência de fertilização com azoto do que o FP. A vantagem média de rendimento do armazenamento profundo de ureia em relação ao FP foi de 1120 kg/ha na estação Boro e 890 kg ha^{-1} na estação Aman. As poupanças em azoto aplicado foram de 70 e 35 kg ha^{-1} nas estações Boro e Aman, respetivamente.

Bulbule *et al* (2005) efectuaram um ensaio de campo na *Kharif* 2003 em

Igatpuri, Maharashtra, Índia, para avaliar o impacto da gestão de NPK através da aplicação profunda de briquetes no rendimento e na absorção de nutrientes do arroz transplantado de terras baixas. Os resultados mostraram que os briquetes de fertilizante eram superiores aos fertilizantes recomendados em condições de precipitação predominantemente elevada. A produção de grãos de arroz aumentou quando a planta foi tratada com briquetes em comparação com o fertilizante convencional. Os maiores rendimentos de grãos (47,8 q ha^{-1}) e palha (67,8 q ha^{-1}) foram obtidos com NPK a 56-30-60 kg ha^{-1} usando briquetes.

Bulbule *et al* (2006) efectuaram ensaios de campo em Igatpuri, Maharashtra, Índia, durante a *Kharif* 1996-98, para avaliar a resposta do arroz *cv. Indrayani* à dose de azoto recomendada de 100 kg ha^{-1} , aplicada três vezes num espaçamento recomendado de 15x20 cm, bem como à aplicação de briquetes de dose única de 28, 56, 84 e 112 kg N ha^{-1} após a transplantação num espaçamento modificado de 15-25x15-25 cm.

Os resultados mostraram uma clara superioridade dos briquetes em relação ao fertilizante tradicional (ureia microgranulada) nas condições prevalecentes. Os rendimentos do arroz aumentaram sistematicamente quando a cultura foi fertilizada com briquetes (56 kg N ha^{-1}), em comparação com a aplicação de azoto com fertilizante convencional (100 kg N ha^{-1}). A aplicação de briquetes em intervalos modificados de 15-25x15-25 cm é certamente acessível para os agricultores, uma vez que compensa os custos adicionais com um aumento considerável do rendimento dos grãos (25-30%) com menores quantidades de fertilizante.

Mendhe *et al* (2006) efectuaram um ensaio de campo em solo argiloso médio pesado (pH 7,8) com arroz da variedade *PKV Makrand* na Faculdade de Agricultura de Nagpur. Verificou-se que a altura da planta, o número de $plantadores^{-1}$, a acumulação de matéria seca da $planta^{-1}$, o número efetivo de $plantadores^{-1}$, o número de grãos na $panícula^{-1}$, o rendimento de grãos (34,02 q ha^{-1}) e o rendimento de palha (45.90 q ha^{-1}) devido à aplicação de UB-DAP (56:14 kg) no transplante + 25% de N na panícula em comparação com o único fertilizante orgânico FYM @ 5 t ha^{-1} no transplante (26,90 q ha^{-1} , 36,31 q ha^{-1}).

Jagtap (2007) relatou que os parâmetros de crescimento do arroz, nomeadamente a altura, o número de folhas e a produção de matéria seca, foram significativamente aumentados pela aplicação de UB-DAP em comparação com a dose recomendada de N.P.K.. Verificou-se também que o número de rebentos, o comprimento da panícula, o peso da panícula, o peso do teste, o rendimento do grão e da palha foram significativamente aumentados pela aplicação de UB-DAP com fontes orgânicas em comparação com a dose recomendada de fertilizante.

Sarawate *et al* (2007) relataram que a aplicação de fertilizantes sob a forma de briquetes (56:30 kg N:P ha^{-1}) e a combinação de 50% de briquetes (28:15 kg N:P ha^{-1}) + fertilização foliar (Gliricidia com 5 t ha^{-1}), que são equivalentes, deram rendimentos de grãos significativamente mais elevados do que os outros tratamentos.

Durgude *et al* (2008) realizaram um ensaio de campo na Estação de Investigação Agrícola Zonal, Igatpuri (Maharashtra) durante a época Kharif 2003-2005 num solo Haplustep típico para estudar o efeito dos briquetes NPK no rendimento do arroz. Os briquetes NPK (56:30:00) com 30 kg ha^{-1} de potássio (briquetes NPK 56:30:30) num espaçamento modificado de 15-25x15-25 cm foram recomendados em solos inceptisol para aumentar o rendimento do arroz de terras baixas (*Oryza sativa)* e manter a fertilidade do solo na zona de Ghat Ocidental de Maharashtra.

Ghodke *et al* (2008) realizaram uma experiência de campo para investigar os efeitos da taxa de glicídio e da taxa de digerido, combinados com a taxa de FTR, no rendimento e na absorção de nutrientes do arroz híbrido, num projeto de parcelas divididas. O efeito da taxa de fertilizante recomendada sobre o rendimento e a absorção de nutrientes na colheita de arroz híbrido foi mais elevado com a dose dupla de briquetes de ureia-DAP em 100, 125 e 150 por cento de FTR.

Bulbule *et al* (2008) efectuaram ensaios de campo com arroz transplantado de terras baixas entre a *Kharif* 2003-04 e *a Kharif* 2005-06 na Zonal Agricultural Research Station (Western Ghat Zone), Igatpuri, Maharashtra, Índia, que mostraram que a fertilização do arroz transplantado com briquetes de fertilizante melhorou significativamente a eficiência dos nutrientes aplicados. Os resultados da investigação mostraram que os briquetes de fertilizante eram significativamente superiores aos fertilizantes recomendados sob as condições de chuva prevalecentes. O rendimento de grãos de arroz foi significativamente aumentado pela aplicação de fertilizante de briquete (56-30-30 kg NPK ha^{-1}) em comparação com a aplicação de fertilizante convencional (100-50-50 kg NPK ha^{-1}). A aplicação de briquetes (em intervalos modificados de 15-25x15-25 cm) melhorou significativamente a eficiência do uso de fertilizantes e compensou os custos adicionais associados à preparação e aplicação de briquetes.

Kapoor *et al* (2008) investigaram a influência da aplicação em profundidade de briquetes de azoto, fósforo e potássio versus briquetes de azoto, fósforo e potássio na carga de nutrientes das águas de inundação após a fertilização e no desempenho do arroz durante a estação das chuvas num vertisol. A aplicação distribuída de N sob a forma de ureia resultou num aumento médio de 10 vezes do N de amónio nas águas de inundação em comparação com a aplicação profunda de briquetes de ureia. A aplicação de superfosfato simples resultou em níveis 67 vezes mais elevados de P nas águas de inundação do que nas parcelas que receberam P aplicado em profundidade. Foram observados rendimentos significativamente mais elevados de grãos e palha com a aplicação profunda de N-P-K do que com a aplicação de

2.2.2 efeitos na absorção de nutrientes pelas plantas

Desai *et al* (1958) referiram que a aplicação de fertilizantes potássicos não trazia benefícios. Pawar *et al* (1960) também não registaram qualquer benefício da aplicação de potássio.

Com base em estudos de rastreio por rádio, Shinde e Datta (1964) concluíram que o rendimento e a absorção de nutrientes eram influenciados pela resposta aos nutrientes. A aplicação de azoto aumentou a absorção de fósforo.

Prasad *et al* (1971) e Maiti (1973) indicam que a eficiência da fertilização com azoto para o arroz se situa entre 28 e 40%. Estão a ser feitos esforços para desenvolver adubos azotados de libertação lenta ou para utilizar inibidores de nitrificação para aumentar a eficiência da fertilização azotada do arroz.

Mangal Prasad *et al* (1980) Os briquetes de ureia proporcionaram a maior absorção de azoto pelo arroz e foram superiores à ureia revestida com enxofre ou à ureia revestida com bagaço de nim na absorção de azoto. Todos estes novos fertilizantes azotados foram superiores à ureia.

Bulbule *et al* (1996) relataram que a absorção de NPK pelo arroz (variedade LK-248) foi significativamente aumentada de 35,5 para 60,2, de 9,5 para 10,6 e de 61,8 para 85,0 kg ha^{-1} , respetivamente, pela aplicação profunda de UB com 60 kg N ha^{-1} em comparação com a aplicação fraccionada de PU num solo argiloso siltoso em Igatpuri.

De acordo com os resultados relatados por Mishra *et al.* (1998), a aplicação de UB + 30 kg de N como PU aumentou a absorção total de N, P e K de 76,15 para 92,34 kg ha^{-1} de 24,66 para 27,80 kg ha^{-1} de 112,17 para 133,40 kg ha^{-1} pelo arroz (variedade Lalat) em comparação com a aplicação de 60 kg de N como PU num solo argiloso arenoso.

Estudos relatados por Savant *et al* (2000) mostraram que as variedades de arroz Ratna e Karjat 184 com GV @ 2 t ha^{-1} e aplicação profunda de UB-DAP tiveram uma absorção significativamente maior de nitrogênio total (78,0 e 77,8 kg ha^{-1}) e fósforo (15,8 e 14,7 kg ha^{-1}) em comparação com a aplicação e incorporação de PU + SSP + Glyricidia.

Talashilkar *et al* (2000) relataram que a aplicação em profundidade de UB-DAP (60 kg N ha^{-1} + 15 kg P ha^{-1}) em solos lateríticos resultou num rendimento de grãos de 34,2 q ha^{-1} da variedade de arroz RTN-24, com absorção total de N, P e K na colheita de 87,1, 47,1 e 53,0 respetivamente.

Powar e Deshpande (2001) relataram que, em solo negro médio, o rendimento de grãos do arroz híbrido sahyadri foi de 4,88 t ha^{-1} no tratamento de controlo, que registou a absorção total de N, P2O5 e K2O a 81,66, 22,58 e 69,68 kg ha^{-1} , respetivamente, que aumentaram para 123,88, 45,61 e 155,87 kg ha^{-1} quando N e P foram aplicados a 56 e 15 kg ha^{-1} por aplicação profunda de UB-DAP.

Bulbule *et al* (2005) mostraram a superioridade dos briquetes em termos de absorção de N, P e K, quando espalhar NPK @ 56:30:45 kg ha^{-1} por briquetes aumentou a absorção de NPK (110:52:150 kg ha^{-1}) em comparação com a dose de fertilizante recomendada, como NPK 100:50:50 kg ha^{-1} deu NPK absorção (83, 34 e 99 kg ha^{-1} respetivamente).

Jagtap (2007) referiu que a aplicação em profundidade de UB-DAP tinha um teor mais elevado de N, P e K, maior absorção de N, P e K, maior teor de proteínas e maior percentagem de N, P e K disponíveis, em comparação com os tratamentos RDF e de controlo.

Kapoor *et al* (2008) referiram que foi observada uma absorção total significativamente mais elevada de N, P e K, bem como uma maior eficiência de utilização de N e P quando o N-P-K foi aplicado em profundidade em comparação com a aplicação de N-P-K. A eficiência de espalhamento de N-P-K também foi maior do que a de N-P-K.

Rao M.V. e S.N. Pradhan indicaram que a maioria dos solos indianos, com a possível exceção dos solos arenosos, são considerados ricos em potássio. Por esta razão, e também devido ao baixo nível de produção, não foi observada qualquer reação de potássio na maioria dos solos nos últimos anos. 2.2.3 A economia

Bulbule *et al* (2003) efectuaram ensaios de campo durante as estações das chuvas de 1996, 1997 e 1998 (monção sudoeste) na zona tropical quente e sub-húmida da costa ocidental de Maharashtra, na Índia. Os resultados mostram que a aplicação de fertilizantes com briquetes, com teores de nutrientes 40% inferiores (56 kg N e 13,1 kg P ha^{-1}) num espaçamento modificado melhorado, resultou em rendimentos de grãos 36% superiores à taxa de fertilizante atualmente recomendada para a região (100 kg N e 21,8 kg P ha^{-1}), aplicada com fertilizantes convencionais numa geometria de plantação tradicional. Embora o espalhamento de briquetes e a briquetagem do fertilizante impliquem custos adicionais, a economia de fertilizantes e o maior rendimento de grãos devido à maior eficiência do fertilizante indicam uma melhor relação custo/benefício para um manejo melhorado.

Pillai (2004) efectuou um ensaio de campo com arroz híbrido da variedade *Sahyadri* durante a estação Kharif de 2004 na Agronomy Farm, College of Agriculture, Dapoli. Os dados mostraram que os rendimentos brutos mais elevados (Rs. 40772,40 ha^{-1}), os rendimentos líquidos ao custo total (Rs. 8581.85 ha^{-1}) e a relação custo/benefício (1:1.27) foram observados com o tratamento de aplicação profunda de briquetes de ureia DAP (55 kg N + 30 kg P2O5 ha^{-1}) combinados com 40 kg N ha^{-1} por ureia microgranulada na fase de panícula do arroz + 75 kg K2O e Glyricidia @ 5 t ha^{-1} .

Bulbule *et al* (2006) relataram que espalhar briquetes (em intervalos modificados de 15-25 x 15-25 cm) em taxas mais baixas a um custo extra é bastante acessível para os agricultores, pois compensa os custos extras com um aumento considerável no rendimento de grãos (25-30%) em níveis mais baixos de fertilizantes.

Darade (2007) realizou um ensaio em 2006 na Agronomy Farm College of Agriculture, Dapoli. Os resultados mostraram que a aplicação de briquetes de ureia DAP + 50 kg K_2O ha^{-1} deu o rendimento líquido máximo de Rs. 25268,92 ha^{-1} com o rácio B:C mais elevado de 2,23.

Ghodake (2007) relatou que os rendimentos brutos mais elevados (Rs. 47251.19 ha^{-1}), rendimentos líquidos (Rs. 11181.58 ha^{-1}) e rácio B:C (1.31) foram observados quando tratados com briquetes de ureia-DAP em comparação com diferentes taxas de fertilizantes recomendadas.

CAPÍTULO III
MATERIAIS E MÉTODOS

O presente estudo, intitulado "Estudos sobre a resposta do arroz híbrido a diferentes métodos de estabelecimento de culturas e fontes de fertilizantes na situação das terras altas de Konkan", foi efectuado na Agronomy Farm, College of Agriculture, Dapoli, Dist. Ratnagiri (M.S.) durante a estação *Kharif* de 2009-10 e 2010-11. O trabalho de análise foi efectuado no laboratório de investigação do Departamento de Agronomia. O equipamento utilizado e a metodologia empregue durante o estudo são explicados neste capítulo.

I. Local de ensaio

O ensaio foi realizado na Quinta Agronómica, Faculdade de Agricultura, Dapoli, Dist. Ratnagiri durante o *Kharif* 2009-10 e 2010-2011. O ensaio foi realizado na parcela n.º 20 do bloco "B". A topografia da parcela experimental era uniforme. O local foi selecionado com base na adequação da terra para cultivo e nos recursos disponíveis para o cultivo de arroz durante a época Kharif.

II. Composição mecânica e química do sítio

Antes da instalação do ensaio, foram recolhidas amostras de solo com um trado a uma profundidade de 0 a 30 cm para determinar o estado inicial de fertilidade do solo e, após a colheita de cada cultura, foram submetidas a análises mecânicas e químicas. Os pormenores da composição mecânica e química do solo e os métodos utilizados para determinar os diferentes parâmetros são apresentados no quadro 1.

O solo da parcela experimental tinha uma textura argilosa, um pH ligeiramente ácido e um teor muito elevado de carbono orgânico. O teor de azoto disponível era baixo, o de fósforo disponível era elevado e o de potássio disponível era médio.

Quadro 1: Propriedades mecânicas e físico-químicas do solo no Campo de experimentação

Detalhes	Valores determinados		Método utilizado
	2009-10	2010-11	
Análise mecânica			
Areia (%)	38.63	38.60	Método da pipeta internacional (Piper, 1956)
Silte (%)	33.04	33.10	
Argila (%)	28.34	28.31	
Classe texturizada	Solo argiloso	Solo argiloso	Diagrama triangular de Preswift, Taylor e Marshall (Piper, 1956)
Análise química			
Azoto disponível (kg ha-1)	316.29	326.63	Método de Kjeldahl modificado (Piper, 1956)
Fósforo disponível (kg ha-1)	13.45	16.84	O método Bray (Bray e Kurtz, 1945)
Potássio disponível (kg ha-1)	284.72	294.89	Método do fotómetro de chama (Jackson, 1973)
Carbono orgânico (%)	1.42	1.44	Método de titulação de acordo com Walkley e Black (Piper, 1956)
Valor do pH do solo	6.33	6.40	Medidor de PH Beckman (Jackson, 1973)
Propriedades físicas			
Densidade a granel (g cc $)^{-1}$	1.23	1.25	Método de revestimento de grumos (Black, 1965)
Densidade das partículas (g cc $)^{-1}$	2.30	2.32	Método do picnómetro (Black, 1965)
Porosidade (%)	53	53	De acordo com o cálculo

III. Condições climatéricas

A quinta da Escola Superior de Agricultura de Dapoli situa-se na região subtropical, a 17,1^{0} de latitude norte e 73,1^{0} de longitude leste, a uma altitude de cerca de 250 m acima do nível médio das águas do mar. O clima é quente e húmido, o que é muito favorável à cultura do arroz. Os dados sobre os vários parâmetros climáticos registados durante o período experimental no observatório meteorológico da Agronomy Farm, College of Agriculture, Dapoli, são apresentados no quadro 2 e ilustrados graficamente na figura 1. Os dados mostram que a precipitação média anual durante a estação de crescimento foi de 2562,9 mm e 4577,4 mm, caindo em 89 e 106 dias de chuva, respetivamente, em 2009-10 e 2010-11. A humidade relativa variou de 84,3 a 95,3 por cento no primeiro ano e de 86,4 a 96,2 por cento no segundo ano, indicando que a humidade relativa não varia muito em relação à média da década. A temperatura mínima durante a estação de crescimento situou-se entre 20,4^0 C e 24,5^0 C no primeiro ano e entre 22,2^0 C e 25,1^0 C no segundo ano. As temperaturas máximas variaram de 24,7^0 C a 33,0^0 C no primeiro ano e de 26,3^0 C a 33,8^0 C no segundo ano. Em geral, as condições climatéricas foram muito agradáveis e favoráveis ao crescimento do arroz kharif durante os dois anos consecutivos de experimentação.

Quadro 2: Observações meteorológicas durante o período de crescimento das plantas.

(*Kharif2009* e 2010)

Realizado Semana	Dados	Temperatura (0C)		Humidade relativa (%)		Sol (horas/dia)	Precipitação (mm)	Número de dias de chuva
		Máximo.	Min.	HR I	RH II			
Kharif 2009								
22	25/05-31/05	33.0	22.4	87	64	5.2	3.0	0
23	01/06-07-06	32.8	24.1	93	72	5.8	63.1	3
24	08/06-14/06	33.0	24.5	91	60	5.4	0.0	0
25	15/06-21/06	31.9	24.3	91	76	6.1	51.0	4
26	22/06-28/06	28.4	23.3	99	94	4.3	148.9	7
27	29/06-05/07	27.1	23.6	99	98	5.0	642.6	7
28	06/07-12/07	28.2	23.8	98	97	9.4	268.0	7
29	13/07-19/07	28.2	23.9	94	93	2.5	113.6	7
30	20/07-26/07	28.0	23.8	94	92	0.9	137.9	7

31	27/07-02/08	28.7	21.1	92	87	2.0	60.8	6
32	03/08-09/08	28.9	24.5	93	87	4.4	34.8	4
33	10/08-16/08	29.0	20.4	97	83	6.5	35.0	4
34	17/08-23/08	28.4	23.0	99	90	3.6	134.0	6
35	24/08-30/08	24.7	23.6	98	91	5.0	246.4	7
36	31/08-06/09	28.3	22.9	98	78	0.8	293.4	6
37	07/09-13/09	29.1	23.0	98	88	2.6	73.1	3
38	14/09-20/09	31.0	22.8	94	77	7.8	79.7	2
39	21/09-27/09	30.4	23.7	97	85	5.9	15.2	3
40	28/09-04/10	27.8	23.4	99	90	0.9	162.4	6
	Média	29.3	23.3	95.3	84.3	4.4	134.9	4.7
Kharif 201!					**1**			
22	**31/05-06/06**	33.8	25.1	89	75	9.3	0.2	0
23	**07/06-13/06**	33.2	24.0	95	78	8.1	36.1	4
24	**14/06-20/06**	30.8	23.0	97	84	1.8	423.5	7
25	**21/06-27/06**	28.2	23.2	98	75	1.3	590.4	7
26	**28/06-04/07**	26.5	23.6	97	88	2.3	131.8	7
27	**05/07-11/07**	26.3	22.3	96	91	2.5	246.0	7
28	**12/07-18/07**	29.6	23.4	94	85	2.0	158.6	6
29	**19/07-25/07**	27.8	22.8	96	97	1.1	562.2	7
30	**26/07-01/08**	26.8	22.8	96	97	0.2	572.4	7
31	**02/08-08/08**	27.5	23.2	96	93	1.5	343.1	6
32	**09/08-15/08**	26.6	23.7	96	93	3.7	106.3	6
33	**16/08-22/08**	28.4	22.7	98	89	1.3	138.2	7
34	**23/08-29/08**	28.1	22.3	98	89	1.6	202.2	6
35	**30/08-05/09**	27.7	22.2	98	92	0.4	246.8	7
36	**06/09-12/09**	28.0	22.4	96	95	1.2	458.6	7
37	**13/09-19/09**	29.0	22.3	98	85	4.4	67.4	5
38	**20/09-26/09**	29.6	22.9	97	81	4.3	169.6	3
39	**27/09-03/10**	31.5	23.0	96	77	6.8	51.2	4
40	**04/10-10/10**	32.0	22.8	97	78	7	72.8	3
	Média	29.0	23.0	96.2	86.4	3.2	240.9	5.5

IV. Historial das culturas praticadas no sítio experimental

Os pormenores das plantas cultivadas na parcela experimental nos últimos cinco anos são apresentados no quadro 3.

Quadro 3: Historial das culturas na parcela experimental.

Ano	Época

	Quaresma	*Rabi*
2003-2004	Arroz	Mostarda
2004-2005	Arroz	Amendoins
2005-2006	Arroz	Pepino
2006-2007	Arroz	Chile
2007-2008	Arroz	Mostarda
2008-2009	Arroz	Melancia
2009-2010	Cultura experimental (arroz)	Terras não cultivadas
2010-2011	Cultura experimental (arroz)	-

V. Detalhes experimentais

O ensaio foi efectuado com base num esquema de parcelas divididas com três repetições. Os tratamentos incluíram cinco tratamentos da parcela principal e três tratamentos da subparcela. Foram efectuadas 15 combinações de tratamentos.

Os pormenores do tratamento são os seguintes

Instalação experimental: disposição das parcelas divididas

Número de repetições: Três

Detalhes do tratamento : **A) Tratamento da parcela principal (práticas culturais)**

T1 : Transplante

T2: Semear antes da estação das monções

T3: Dibbling de sementes no início da monção.

T4: Transplantação de plântulas segundo o

método Thomba.

T5: sistema de técnicas de intensificação do arroz.

B) Tratamento da subzona (fonte de fertilizante)

F1 : FTR(120:60:60 NPK kg ha $)^{-1}$

F2: Colocação de briquetes de ureia-DAP

Q3: Colocação de briquetes de ureia-sufala

Dimensões do campo : Bruto - 4,25 m. x 3,05 m

Rede - 3,20 m x 2,40 m

Espaçamento : 15-25 cm x 15-25 cm (para T1, T2, T3 e T4)

20 cm x 20 cm (para T5)

Variedade : Sahyadri-4

VI. Pormenores da cultura

1. Operações no terreno

O horário de trabalho no campo durante o crescimento das plantas

são apresentados no quadro 4 para ambos os anos.

Quadro 4: Calendário do trabalho de campo no sítio experimental durante as estações Kharif de 2009 e 2010

Sr. Nã o.	Seguiram-se as operações no terreno	Freq .	Data de entrada em funcionamento.	
			2009-10	2010-11
I)	**Preparação do solo**			
A)	**Quarto de criança**			
	1) lavoura por trator	1	24.05.09	28.05.10
	2) Trituração do torrão com um rotavator puxado por trator	1	26.05.09	29.05.10
	3) Revestimento com trator	1	26.05.09	29.05.10
	4) Colheita do restolho e preparação dos viveiros	1	26.05.09	29.05.10
	5) Fertilização dos viveiros	1	27.05.09	05.06.10
	6) Aplicação da dose de base do adubo em conformidade com Tratamento	1	29.05.09	07.06.10
	7) Semeadura em viveiros e viveiros em esteiras	1	29.05.09	07.06.10

	8) Arrancar ervas daninhas	1	15.06.09	21.06.10
	9) Aplicação de ureia nas camas dos viveiros	1	15.06.09	21.06.10
B)	**Preparação do local de ensaio**			
	1) lavoura por trator	1	24.05.09	28.05.10
	2) Trituração do torrão com um rotavator puxado por trator	1	26.05.09	29.05.10
	3) Revestimento com trator	1	26.05.09	29.05.10
	4) Nivelamento e montagem da experiência	1	26.05.09	29.05.10
C)	**Pormenores da sementeira ou transplantação e aplicação da dose de base**			
	1) Semeadura do mês anterior.	1	29.05.09	07.06.10
	2) A transplantação e o método Thomba.	1	25.06.09	29.06.10
	3) Transplante utilizando a técnica SRI.	1	13.06.09	21.06.10
	4) Dibbling de sementes no início da monção.	1	15.06.09	15.07.10
D)	**Aplicação de briquetes de ureia-DAP e de briquetes de ureia-suphala**			
	1) Semeadura do mês anterior.	1	15.06.09	22.06.10
	2) A transplantação e o método Thomba.	1	26.06.09	30.09.10
	3) Transplante utilizando a técnica SRI.	1	14.06.09	22.06.10
	4) Dibbling de sementes no início da monção.	1	01.07.09	30.07.10
E)	**Aplicação de 40% de N como adubo de cobertura**			
	1) Semeadura do mês anterior.	1	30.06.09	07.07.10
	2) A transplantação e o método Thomba.	1	27.07.09	28.07.10
	3) Transplante utilizando a técnica SRI.	1	14.07.09	22.07.10
	4) Dibbling de sementes no início da monção.	1	15.07.09	14.08.10
F)	**Aplicação de 20% de N como adubo de cobertura**			
	1) Semeadura do mês anterior.	1	30.07.09	08.08.10
	2) A transplantação e o método Thomba.	1	27.08.09	29.08.10
	3) Transplante utilizando a técnica SRI.	1	14.08.09	21.08.10
	4) Dibbling de sementes no início da monção.	1	05.08.09	05.09.10
G)	**Medidas interculturais**			
	1) Remoção de folhas			
	a. Propagação de sementes antes da reprodução.	1	09.06.09	16.06.10
	b. Dispersão das sementes Início da estação das monções	1	23.06.09	22.07.10

	2) Preencher as lacunas			
	a. Diblar as sementes no mês anterior.	1	09.06.09	16.06.10
	b. Transplante e método Thomba.	1	02.07.09	05.07.10
	c. Transplante utilizando a técnica SRI.	1	20.06.09	28.06.10
	d. Dibbling de sementes no início da monção.	1	23.06.09	22.07.10
	3) Monda manual			
	a. Diblar as sementes no mês anterior.	2	29.06.09 28.07.09	06.07.10 07.08.10

	b. Transplante e método Thomba.	2	25.07.09 26.08.09	26.07.10 28.08.10
	c. Transplante utilizando a técnica SRI.	2	13.07.09 12.08.09	20.07.10 19.08.10
	d. Dibbling de sementes no início da monção.	2	14.07.09 04.08.10	13.08.10 04.09.10
H)	**Colheita**			
	1) Semeadura do mês anterior.	1	22.09.09	20.09.10
	2) A transplantação e o método Thomba.	1	01.10.09	29.09.10
	3) Transplante utilizando a técnica SRI.	1	27.09.09	26.09.10
	4) Dibbling de sementes no início da monção.	1	25.09.09	25.09.10
I)	**Debulha e trituração**			
	1) Semeadura do mês anterior.	1	23.09.09	21.09.10
	2) A transplantação e o método Thomba.	1	02.10.09	30.09.10
	3) Transplante utilizando a técnica SRI.	1	28.09.09	27.09.10
	4) Dibbling de sementes no início da monção.	1	26.09.09	26.09.10
J)	Pesagem e registo da observação	1	29.09.10	30.09.10

2. Estrutura do campo

A instalação experimental assumiu a forma de parcelas divididas. Foram construídos pequenos montes com cerca de 10-15 cm de altura à volta das parcelas.

3. Criação de plantas jovens na parcela de viveiro

A) Para a transplantação e o método Thomba

O solo foi lavrado duas vezes com um trator e depois colocado sob um nivelamento fino. Foram colocados canteiros elevados com 10 m de comprimento, 1 m de largura e 10 cm de altura.

O estrume de aves de capoeira de alta qualidade foi espalhado nos canteiros e misturado com o solo. Durante a sementeira, a ureia foi aplicada a uma taxa de 1 kg 100 m^{2-1} . Sementes da variedade de arroz Sahyadri-4, tratadas com Thirum (2,5 g/kg^{-1}), foram semeadas em fileiras com 10 cm de distância e 2-

3 cm de profundidade. A germinação começou no terceiro dia e terminou no quinto dia. Quinze dias após a sementeira, foi efectuada uma fertilização adicional com ureia a 1 kg 100 m^{2-1} . Foram tomadas as medidas fitossanitárias e de controlo de ervas daninhas necessárias no viveiro.

B) Para o procedimento SRI

As plantas foram cultivadas num tapete modificado. A cama foi preparada com um filme plástico de 1,5 m de largura. O papel de plástico foi espalhado no solo. As bordas do papel foram levantadas a uma altura de 5-6 cm usando meios tijolos. O solo fino e a mistura de FYM foram então espalhados sobre o papel plástico numa proporção de 1:1. As sementes foram primeiro embebidas em água durante 24 horas e depois mantidas num saco húmido durante 24 horas. As sementes germinadas foram então espalhadas sobre a cama e cobertas com terra fina. O canteiro foi regado conforme necessário. As plantas estavam prontas para a plantação em 12 dias.

4. Mistura de sementes

Semeadura de sementes antes da monção em 29th maio 2009, 7th junho 2010 e início da monção em 15th junho 2009, 15th julho 2010 de acordo com o tratamento com um espaçamento de 15-25 cm x 15-25 cm.

5. Transplantação de plantas

As mudas com trinta dias de idade foram plantadas em 27 de julho de 2009 e 28 de julho de 2010, respetivamente, com um espaçamento de 15-25 cm x 15-25 cm para o método de transplante e o método Thomba. No *método Thomba, as* mudas foram plantadas em covas cavadas com uma vara pontiaguda (*Thomba)* no campo arado, sem encharcamento.

Com a técnica do SRI, as plântulas saudáveis e vigorosas foram arrancadas 12 dias após a sementeira. Quando as plântulas foram arrancadas, houve o cuidado de garantir que as sementes permanecessem presas às plântulas ao mesmo tempo que as raízes. Foi plantada uma plântula por cada monte. A transplantação teve lugar a 13th junho de 2009, 21th junho de 2010 A transplantação foi efectuada em filas de 25 x 25 cm.

6. Preencher as lacunas

Os espaços vazios foram preenchidos oito dias após a plantação para garantir uma população uniforme de plantas.

7. Medidas de controlo das ervas daninhas

Para manter as plantas experimentais livres de ervas daninhas, foram efectuadas duas operações de monda manual.

8. Espalhar fertilizantes e briquetes

Isto incluiu três tratamentos como 100 por cento RDF via fertilizante direto para as plantas de arroz. Quarenta por cento da dose de azoto (ureia) e a totalidade da dose de fósforo (SSP) e de potássio (MOP) foram aplicadas ao arroz no momento da sucção/embebição. Os restantes 40% da dose de azoto foram aplicados no momento do máximo perfilhamento (30ª data) e os restantes 20% no momento da formação da panícula (65ª data), de acordo com os tratamentos.

Quadro 5: Teor de nutrientes dos adubos/briquetes

Reg. n.º.	Fertilizantes /Briquetes	Nutriente	Conteúdo (%)	
		N	P2O5	K2O
1.	Ureia	46	-	-
2.	Superfosfato simples	-	16	-
3.	Muriat de Kali	-	-	60
4.	Briquetes de ureia-DAP	28.43	18.99	-
5.	Briquetes de ureia Suphala	27.67	13.53	9.23

No caso da fertilização com briquetes, os briquetes foram aplicados utilizando o método da mancha profunda. Os briquetes foram colocados manualmente a uma profundidade de cerca de 5-6 cm no solo, à razão de um briquete por cada quatro montes de arroz. Os briquetes de ureia-DAP (168,75 kg ha^{-1}) forneceram cerca de 47,97 kg N ha^{-1} e 32,04 kg P ha^{-1} . Os briquetes de ureia suphala (@ 168,75 kg ha^{-1}) fornecem 46,69 kg N ha^{-1} , 22,83 kg P ha^{-1} e 15,57 kg K ha^{-1} .

9. Colheita e debulha

As plantas de arroz foram colhidas quando os grãos atingiram a maturidade completa e a palha se tornou amarela. Para eliminar o efeito de bordadura, foram retiradas duas linhas de cada lado das parcelas. As plantas foram cortadas um pouco acima do solo e mantidas nas respectivas parcelas para secar ao sol. A debulha foi efectuada parcela a parcela. Os grãos de arroz foram separados da palha e as produções de grãos e de palha de arroz foram determinadas por pesagem, de acordo com os tratamentos.

VII Observações biométricas

Os pormenores das várias observações biométricas e outras efectuadas durante o estudo são apresentados no quadro 6.

Quadro 6: Pormenores das observações biométricas e outras relativas ao amendoim

Sr. Não.	Detalhes	Frequência	Dias após a sementeira
A.	Estudos de populações de plantas		
	1. Após a sementeira	1	20
	2. Aquando da colheita	1	Aquando da colheita

B.	Estudos pré-colheita 1. Altura da planta (cm) 2. Número de ferramentas de lavoura Hills^{-1} 3. Número de folhas Hill^{-1} 4. Área foliar Planta^{-1} 5. Enriquecimento em matéria seca (g colina)$^{-1}$	7 7 7 7 7	30, 45, 60, 75, 90, 105 e na colheita
C.	Estudos pós-colheita 1. Número de panículas Hill^{-1} 2. Comprimento da panícula (cm) 3. Número de grãos cheios Panícula^{-1} 4. Peso do grão empalhado Panícula^{-1} 5. Número de grãos não cheios Panícula^{-1} 6. Peso de ensaio (peso de 1000 grãos) 7. Rendimento de grãos e palha (q ha)$^{-1}$	1 1 1 1 1 1 1	Aquando da colheita
D.	Análise do solo 1. N disponível (kg ha)$^{-1}$ 2. P disponível (kg ha)$^{-1}$ 3. K disponível (kg ha)$^{-1}$	1 1 1	Depois da colheita
E.	Análise de plantas 1. Azoto total (kg ha)$^{-1}$ 2. Fósforo total (kg ha)$^{-1}$ 3. Potássio total (kg ha)$^{-1}$	1 1 1	Aquando da colheita

1. Técnica de amostragem

Foram seleccionados aleatoriamente cinco montes de cada parcela da rede para registar os dados biométricos. Os montes seleccionados receberam uma inscrição correspondente.

2. Estudos de crescimento do arroz

a. Comunidades vegetais

As populações de plantas foram contadas após 20 DAS e aquando da colheita para cada tratamento na parcela líquida.

b. Altura da planta (cm)

A altura das plantas foi medida a partir do solo até à base das folhas completamente abertas. No entanto, quando a panícula começou a formar-se, a altura final foi medida até à base da panícula e foi calculada a altura média por monte.

c. Número de ferramentas de lavoura Hills^{-1}

O número total de arados produzidos^{-1} foi registado regularmente em cinco colinas.

d. Área foliar por planta (dsm)^{2}

A área foliar por planta foi calculada utilizando a fórmula dada por Tsunoda (1964).

área da folha = comprimento da folha x largura da folha x fator de correlação

(0,725) x número de folhas por planta.

e. Acumulação de matéria seca (g de montículo)$^{-1}$

Para cada observação, foi retirado ao acaso um único montículo de cada parcela. O monte foi arrancado e as suas raízes removidas. A parte aérea foi esmagada e colocada num saco de papel castanho. Em seguida, foi seca numa estufa com controlo termostático a uma temperatura de 60^{0} C até que a amostra estivesse seca e fosse medido um peso constante.

VIII. Exames pós-colheita do arroz

a. Número de panículas Hill^{-1}

O número de panículas por montículo foi contado em cinco montículos seleccionados para observação biométrica e a média foi calculada.

b. Comprimento da panícula (cm)

O comprimento de 10 panículas de cada parcela de rede foi medido desde a base do verticilo, ou seja, o pedúnculo da flor, até ao topo da panícula, e o comprimento médio das panículas foi determinado.

c. Número de grãos cheios Panícula^{-1}

O número de grãos cheios foi contado em dez panículas seleccionadas para a medição do comprimento em cada parcela da rede e o número médio foi determinado.

d. Número de grãos não cheios Panícula^{-1}

O número de grãos não cheios foi contado nas dez panículas seleccionadas para medir o comprimento de cada parcela da rede e o número médio foi determinado.

e. Peso do grão da panícula^{-1} (g)

O peso dos grãos foi registado nas panículas utilizadas para medir o comprimento e contar o número de grãos cheios por panícula, e o peso médio dos grãos por panícula foi determinado.

f. Peso de ensaio

Uma amostra representativa de grãos foi retirada da produção total de cada parcela, 1000 grãos foram contados e o peso foi registado de acordo com o tratamento.

g. Rendimento de grãos (q ha)$^{-1}$

O rendimento em grão obtido após a debulha dos frutos de cada parcela de rede foi seco ao sol durante 4 a 5 dias, sendo depois o seu peso convertido em q ha^{-1}.

h. Rendimento em palha (q ha)$^{-1}$

O rendimento em palha foi determinado pela pesagem da palha seca ao ar que restava após a debulha de cada parcela de rede. Os valores foram depois convertidos por hectare.

IX. Estudos químicos

A. Análise de plantas

As amostras de grãos secos e de palha foram pulverizadas separadamente (100 mesh) e cerca de 20 g de amostras representativas de cada tratamento foram armazenadas num saco de papel castanho, devidamente rotuladas e utilizadas para a determinação do azoto, do fósforo e do potássio.

Estudos de aceitação

1) Teor de azoto no grão e na palha (%)

O teor de azoto dos grãos e da palha de arroz foi determinado utilizando o método Microkjeldahl modificado (Piper, 1956).

2) Enriquecimento em azoto dos cereais e da palha (kg ha)$^{-1}$

A partir de cada percentagem, o enriquecimento em azoto do grão e da palha foi calculado multiplicando a produção de grão, palha e ervas daninhas por hectare na colheita.

3) Absorção total de azoto (kg ha)$^{-1}$

Foi calculado adicionando o enriquecimento em azoto do grão e da palha observado durante os diferentes tratamentos.

4) Teor de fósforo dos cereais e da palha (percentagem)

O teor de fósforo do grão e da palha foi determinado pelo método calorimétrico.

5) Enriquecimento em fósforo dos cereais e da palha (kg ha)$^{-1}$

Este valor foi determinado separadamente para o grão e a palha a partir das respectivas percentagens, utilizando o rendimento do grão ou da palha por hectare.

6) Absorção total de fósforo (kg ha)$^{-1}$

Foi calculado adicionando a absorção de fósforo no grão à palha dos respectivos tratamentos.

7) Teor de potássio dos cereais e da palha (percentagem)

O teor de potássio dos grãos e da palha foi determinado com um fotómetro de chama (Jackson, 1973).

8) Enriquecimento em potássio dos cereais e da palha (kg ha)$^{-1}$

Foi calculado multiplicando os rendimentos em grão e em palha pela percentagem correspondente.

9) Absorção total de potássio (kg ha)$^{-1}$

Foi calculado somando a acumulação de potássio no grão e na palha dos respectivos tratamentos.

B. Análise do solo

Após a colheita de cada cultura, foram colhidas amostras de solo de cada parcela da rede, secas ao ar e devidamente peneiradas. As propriedades químicas do solo foram analisadas por métodos adequados.

C. Teor proteico dos cereais (%)

O teor de azoto das diferentes amostras de grãos colhidas em cada parcela foi analisado segundo o método de Kjeldahl modificado (Piper, 1956). O teor de proteínas foi então calculado multiplicando o teor de azoto (%) dos grãos por 6,25.

X. Análise estatística e avaliação de dados

Os dados experimentais foram avaliados estatisticamente usando a técnica de análise de variância, conforme aplicável a ensaios de parcelas divididas, conforme descrito por Panse e Sukhatme (1967). A significância da diferença de tratamento foi testada usando o teste de razão de variância (valor f), e a diferença crítica (C.D.) ao nível de detetabilidade de 5 por cento foi construída para a comparação e interpretação estatística da significância entre as médias de tratamento. Os dados de rendimento do arroz foram agrupados para duas épocas. Os dados foram ilustrados com diagramas e figuras quando apropriado.

XI. Rentabilidade dos tratamentos

O rendimento bruto por hectare foi calculado com base nos preços e nos rendimentos dos cereais e da palha. Foram tidos em conta os preços de mercado em vigor para os cereais e a palha. Os custos de cultivo das plantas para cada tratamento foram calculados tendo em conta os custos.

CAPÍTULO IV

RESULTADOS EXPERIMENTAIS

O presente estudo, intitulado "Estudos sobre a resposta do arroz híbrido a diferentes métodos de estabelecimento de culturas e fontes de aplicação de fertilizantes na situação das terras altas de Konkan", foi realizado na quinta de Agronomia, Faculdade de Agricultura, Dapoli, Dist. Ratnagiri (M.S.) durante a época de kharif dos anos 2009 e 2010 e os resultados do presente estudo são apresentados nas rubricas seguintes.

11.1 Estudos de populações de plantas

11.2 Estudos sobre o crescimento e o desenvolvimento das plantas

11.3 Sinais de desempenho

11.4 Estudos de desempenho

11.5 Absorção de nutrientes

11.6 Estudos de qualidade

11.7 Estado dos nutrientes disponíveis no solo

11.8 Equilíbrio dos nutrientes disponíveis no solo

11.9 Economia da cultura do arroz

4.1 Estudos de populações de plantas

Os dados apresentados no Quadro 7 mostram que o estande inicial e final de plantas do arroz híbrido não foi significativamente influenciado pelos diferentes métodos de cultivo e fontes de fertilizantes nos dois anos de ensaio. O estande médio inicial de plantas foi de 184,48 e 185,06 por parcela líquida na *Kharif* 2009 e *Kharif* 2010, respetivamente, enquanto o estande médio final

Número de plantas por parcela de rede 173,98 e 175,10 durante a *Kharif* 2009 e *a Kharif*

2010, respetivamente.

Quadro 7: População média de arroz por parcela de rede sob a influência de diferentes tratamentos

Tratamentos	População original de plantas		Estoque final de plantas	
	2009	2010	2009	2010
Métodos de implantação das culturas				
Transplante de Ti	184.67	185.29	174.14	175.26
T2 sementeira pré-monção	184.67	185.68	174.60	175.50
T3-Diblando sementes no início da estação das monções	184.32	184.68	173.63	174.25
Procedimento T4-Thomba	184.38	185.26	174.47	175.58
Técnica T5-SRI	184.37	184.37	173.05	174.93
S.E ±	0.66	0.55	0.62	0.35
C.D. a 5	N.S.	N.S.	N.S.	N.S.
Fontes de fertilizantes				
F1-RDF	184.84	185.03	173.71	175.04
F2 substituição de briquetes de ureia - DAP	184.58	185.54	173.93	175.14
Substituição F3 para briquetes de ureia suphala	184.03	184.60	174.29	175.13
S.E ±	0.32	0.32	0.39	0.20
C.D. a 5	N.S.	N.S.	N.S.	N.S.
Efeito de interação				
S.E ±	0.72	0.70	0.86	0.43
C.D. a 5	N.S.	N.S.	N.S.	N.S.
Média global	184.48	185.06	173.98	175.10

4.2 Estudos sobre o crescimento e o desenvolvimento das plantas

A altura das plantas, o número de folhas ($^{-1}$), a área foliar total média, o número de rebentos ($^{-1}$) e a acumulação de matéria seca ($^{-1}$) do arroz foram analisados na *Kharif* em 2009 e 2010, primeiro por altura dos 30 DAS e depois regularmente a intervalos de 15 dias.

4.2.1 Altura da planta (cm)

Os dados sobre a altura das plantas de arroz sob a influência de diferentes tratamentos em diferentes fases de crescimento das plantas são apresentados no

Quadro 8 e na Figura 3. Os dados mostram claramente que a altura da planta continuou a aumentar com a idade da planta e foi mais elevada na colheita em ambos os anos. Os dados mostram que a altura da planta aumentou progressivamente com a idade da planta. No entanto, o aumento da altura foi bastante lento até aos 60 DAS, após o que a planta entrou numa fase de grande crescimento até aos 90 DAS. Depois dos 90 DAS, a taxa de crescimento em relação à altura da planta abrandou novamente.

Impacto dos métodos de cultivo

A Tabela 8 mostra que a altura da planta em diferentes estágios de crescimento foi significativamente influenciada pelos diferentes métodos de cultivo. A altura máxima da planta foi registada aos 30 DAS no caso da adição de sementes antes da monção (T2), mas não foi estatisticamente notável em comparação com os outros tratamentos em ambos os anos.

Aos 45 DAS, a altura da planta foi mais elevada quando a semente foi semeada antes da monção (T2), o que é equivalente a semear no início da monção (T3), mas foi significativamente melhor do que os outros tratamentos. Da mesma forma, T3 foi equivalente aos outros tratamentos em ambos os anos.

Aos 60, 75, 90, 105 DAS e na colheita da cultura, os valores mais elevados foram registados para o transplante (T1), seguido do método Thomba, que foram equivalentes mas significativamente melhores do que os restantes tratamentos, ou seja, adição de sementes antes da monção (T2), adição de sementes no início da monção (T3) e a técnica SRI (T5), por ordem decrescente para os dois anos de ensaio.

Efeito das fontes de fertilizantes

Os dados do quadro 8 mostram que a altura da planta foi significativamente influenciada pela aplicação de diferentes fertilizantes em diferentes fases de crescimento da planta. A altura da planta não foi significativamente influenciada durante a fase inicial.

Tabela 8: Altura média das plantas (cm) de arroz em diferentes estágios de crescimento sob a influência de diferentes tratamentos.

Tratamentos	30 DAS		45 DAS		60 DAS		75 DAS		90 DAS		105 DAS		Aquando da colheita	
	2009	2010	2009	2010	2009	2010	2009	2010	2009	2010	2009	2010	2009	2010
Métodos de implantação das culturas														
Transplante de Ti6	.34	6.34	i5.67	i6.73	25.61	26.58	52.61	56.58	74.01	78.79	76.81	82.09	77.41	82.49
T2 sementeira pré-monção	8.33	8.52	i8.i4	i8.88	20.49	21.74	47.71	51.74	69.11	73.94	71.91	77.13	72.51	77.53
T3-Diblando sementes no Início da monção	6.03	6.i3	i6.42	i7.46	20.18	21.57	47.18	51.57	63.80	73.77	71.60	77.07	72.20	77.47
Método T4-Thomba	8.03	8.i0	i5.58	i6.66	25.22	26.81	52.22	56.73	7:.62	79.04	76.42	82.34	77.02	82.74
Técnica T5-SRI	6.i9	6.32	i5.i8	i6.20	18.34	19.68	45.34	49.90	66.74	72.09	69.54	75.39	70.14	75.79
S.E ±	0.27	0.35	0.57	0.53	0.72	0.69	1.01	1.29	1.09	1.40	1.19	1.48	1.19	1.48
C.D. a 5	0.89	i.i3	i.86	i.74	2.35	2.24	3.28	4.22	3.56	4.58	3.87	4.83	3.87	4.83
Fontes de fertilizantes														
Fi-RDF	6.97	7.i3	i4.56	i5.56	20.82	21.97	47.82	51.97	69.22	74.16	72.02	77.46	72.62	77.86
F2-substituição de ureia-DAP Briquetes	6.85	6.98	i8.i7	i9.09	23.13	24.46	50.27	54.59	71.80	76.87	74.60	80.17	75.20	80.57
Substituição de Fa por briquetes de sufala com ureia	7.i3	7.i4	i5.86	i6.9i	21.95	23.40	48.95	53.35	70.35	75.55	73.15	78.79	73.75	79.19
S.E ±	0.23	0.25	0.3i	0.32	0.45	0.45	0.65	0.68	0.68	0.71	0.69	0.72	0.69	0.72
C.D. a 5	N.S.	N.S.	0.92	0.96	1.34	1.32	1.91	2.01	1.99	2.11	2.03	2.12	2.03	2.12
Interação E.S. ± **efeito**	0.5i	0.56	0.69	0.72	1.01	0.99	1.44	1.44	1.50	1.59	1.54	1.60	1.54	1.60
C.D. a 5	N.S.	N.S.	N.S.	N.S.	N.S.	N.S.	N.S.	N.S.	N.S.	N.S.	N.S.	N.S.	N.S.	N.S.
Média global	6.99	7.08	16.20	17.18	21.97	23.28	49.01	53.30	70.46	75.53	73.26	78.80	73.83	79.20

(i.e. aos 30 DAS) do arroz. Aos 45, 60, 75, 90, 105 DAS e na colheita, a altura máxima das plantas foi observada no tratamento com briquetes de ureia-DAP (F2), que foi equivalente ao tratamento com briquetes de ureia-suphala (F3), mas significativamente maior do que o tratamento RDF (F1). No entanto, os briquetes de ureia-sulfala (F3) foram equivalentes ao FTR (F1) em ambos os anos.

Efeitos de interação

Todos os efeitos de interação entre os métodos de cultivo e as fontes de fertilizantes não alcançaram significância para a altura das plantas em todas as fases de crescimento em ambos os anos de ensaio.

4.2.2 . Número de folhas Hill^{-1}

Os dados sobre o número de folhas por colina^{-1} de arroz sob a influência de diferentes tratamentos em diferentes fases de crescimento da planta são apresentados no Quadro 9 e na Figura 4. Os dados mostram claramente que o número de folhas aumentou com a idade da planta até 90 DAS e depois diminuiu até a planta ser colhida em ambos os anos.

Impacto dos métodos de cultivo

Os dados do Quadro 9 mostram que o número de folhas na fase inicial de crescimento da planta, ou seja, aos 30DAS, não foi significativamente influenciado pelas diferentes práticas de cultivo em nenhum dos anos.

Aos 45, 60, 75, 90, 105 DAS e na colheita, o número de folhas registou os valores mais elevados no caso da transplantação (T1), seguido do método Thomba (T4) e da técnica SRI (T5), que foram equivalentes. A transplantação (T1) e o método Thomba (T4) foram, no entanto, significativamente melhores do que a colocação de sementes antes da monção (T2) e a colocação de sementes no início da monção (T3). o método SRI (T5) foi, no entanto, equivalente à pulverização de sementes antes da monção (T2), mas significativamente melhor do que a pulverização de sementes no início da monção ($_{T3}$).

A pulverização de sementes antes da monção ($_{T2}$) e a pulverização de sementes no início da monção ($_{T3}$) foram equivalentes em ambos os anos.

Efeito das fontes de fertilizantes

O número de folhas não foi significativamente influenciado pelas diferentes fontes de fertilizantes na fase inicial de crescimento da planta, ou seja, aos 30 DAS, em nenhum dos anos. Aos 45, 60, 75, 90, 105 DAS e na colheita, o número de folhas registou o valor mais elevado para os briquetes de Ureia-DAP ($_{F2}$), que foi igual ao dos briquetes de Ureia-Suphala ($_{F3}$), mas significativamente melhor do que o tratamento RDF ($_{F1}$). Os tratamentos com briquetes de ureia-sulfala ($_{F3}$) e FTR ($_{F1}$) foram equivalentes em todas as fases de crescimento das plantas em ambos os anos.

Efeitos de interação

Todas as interacções entre os métodos de cultivo e os fertilizantes não atingiram o nível de significância para o número de folhas na colina^{-1} em todas as fases de crescimento da planta em ambos os anos.

4.2.3 Área foliar total média Colinas^{-1} (decímetros quadrados de colinas)$^{-1}$

Os dados apresentados no quadro 10 e na figura 5 mostram que a área foliar total aumenta com a idade da planta. Inicialmente, o aumento da área foliar foi bastante pequeno, mas entre 60 e 90 DAS, a área foliar aumentou consideravelmente. Após 90 DAS, a área foliar diminuiu novamente^{-1} .

Impacto dos métodos de cultivo

Aos 30 DAS, a área foliar foi significativamente melhor com o tratamento do método de transplante ($_{T1}$) do que com todos os outros tratamentos, seguido pelo método Thomba ($_{T4}$), a técnica SRI ($_{T5}$), a colocação de sementes antes da monção ($_{T2}$) e a colocação de sementes no início da monção ($_{T3}$).

Tabela 9. Número de folhas funcionais no monte de arroz^{-1} sob a influência de diferentes tratamentos

Tratamentos	30 DAS		45 DAS		60 DAS		75 DAS		90 DAS		105 DAS		Aquando da colheita	
	2009	2010	2009	2010	2009	2010	2009	2010	2009	2010	2009	2010	2009	2010
Métodos de implantação das culturas														
Transplante de Ti	5.56	5.78	28.22	30.33	34.22	37.33	37.22	4i.33	38.22	43.33	2i.22	28.33	14.22	18.33
T2 sementeira pré-monção	i0.56	i0.78	23.ii	25.22	29.ii	32.22	32.ii	36.22	33.ii	38.22	i6.ii	23.22	9.11	13.11
T3-Diblando sementes em a Início da monção	6.33	6.33	2i.22	23.ii	27.00	30.ii	30.00	34.ii	3i.00	36.ii	i4.00	21.11	7.00	11.11
Procedimento T4-Thomba	6.00	6.00	28.00	30.ii	34.00	37.ii	37.00	4i.ii	38.00	43.ii	2i.00	28.11	14.00	18.11
Técnica T5-SRI	5.78	5.78	25.78	27.89	3i.78	34.89	34.78	38.89	35.78	40.89	i8.78	25.89	11.78	15.89
S.E ±	0.i8	0.22	i.30	i.40	i.37	i.29	i.33	i.32	i.28	i.24	i.i3	1.10	0.74	0.99
C.D. a 5	0.59	0.73	4.25	4.57	4.45	4.20	4.34	4.30	4.i6	4.04	3.70	3.58	2.42	3.22
Fontes de fertilizantes														
Fi-RDF	6.60	6.67	23.27	25.20	29.i3	32.20	32.i3	36.20	33.i3	38.20	i6.i3	23.20	9.13	13.20
F2-substituição da ureia-DAP	7.07	7.20	27.47	29.73	33.47	36.73	36.47	40.73	37.47	42.73	20.47	27.73	13.47	17.73
Briquetes F3 substituicão de ureia-Briquetes de sufala	6.87	6.93	25.07	27.07	3i.07	34.07	34.07	38.07	35.07	40.07	i8.07	25.07	11.07	15.00
S.E ±^{X}	0.20	0.22	0.63	0.64	0.6i	0.72	0.62	0.55	0.60	0.55	0.47	0.48	0.34	0.50
C.D. a 5	N.S.	N.S.	i.86	i.87	i.80	2.i3	i.84	i.62	i.78	i.63	i.40	1.41	1.01	1.48
Efeito de interação														
S.E ±	0.44	0.49	i.4i	i.42	i.36	i.6i	i.39	i.22	i.34	i.23	i.05	1.06	0.76	1.11
C.D. a 5	N.S.	N.S.	N.S.	N.S.	N.S.	N.S.	N.S.	N.S.	N.S.	N.S.	N.S.	N.S.	N.S.	N.S.
Média global	6.84	6.93	25.27	27.33	31.22	34.33	34.22	38.33	35.22	40.33	18.22	25.33	11.22	15.31

por ordem decrescente. No entanto, o método Thomba (T4) situou-se ao mesmo nível que todos os outros tratamentos em ambos os anos.

Aos 45 e 60 DAS, a área foliar foi maior com o transplante (T1), seguido pelo método Thomba (T4), que foi equivalente, mas significativamente superior à técnica SRI (T5), aplicação de sementes antes da monção (T2) e aplicação de sementes no início da monção (T3). O tratamento T4, no entanto, foi considerado equivalente à técnica SRI (T5). O tratamento SRI (T5) foi equivalente ao tratamento de aplicação de sementes antes da monção (T2), mas significativamente melhor do que o tratamento T3. O tratamento de pulverização de sementes antes da monção (T2) e o tratamento de pulverização de sementes no início da monção (T3) foram equivalentes em ambos os anos.

Aos 75, 90, 105 DAS e na colheita, a área foliar foi maior no transplante (T1), seguida pelo método Thomba (T4) e pela técnica SRI (T5), que foram significativamente melhores do que a pulverização de sementes antes da monção (T2) e a pulverização de sementes no início da monção (T3). O *tratamento com thomba* (T4) foi equivalente à técnica SRI (T5), mas significativamente melhor do que a pulverização de sementes antes da monção (T2) e a pulverização de sementes no início da monção (T3). O tratamento SRI (T5) também foi significativamente melhor do que a pulverização de sementes no início da monção (T3), mas equivalente à pulverização de sementes antes da monção (T2). Os tratamentos de revestimento de sementes antes da monção (T2) e de revestimento de sementes no início da monção (T3) foram equivalentes em ambos os anos.

Efeito das fontes de fertilizantes

As fontes de fertilizantes não atingiram significância para a área foliar aos 30 DAS nos dois anos de ensaio.

Tabela 10. Área foliar média (dsm^2) do arroz em diferentes estágios de crescimento sob a influência de diferentes tratamentos.

Tratamentos	30 DAS		45 DAS		60 DAS		75 DAS		90 DAS		105 DAS		Aquando da colheita	
	2009	2010	2009	2010	2009	2010	2009	2010	2009	2010	2009	2010	2009	2010
Métodos de implantação das culturas														
Transplante de Ti	0.32	0.32	7.34	7.58	i3.69	i5.92	14.89	16.53	16.44	18.63	12.18	9.13	5.40	6.97
T2 sementeira pré-monção	0.22	0.23	6.0i	6.3i	ii.64	i2.9i	12.84	14.49	14.24	16.44	9.99	6.93	3.46	4.98
T3-Diblando sementes no início da estação das monções	0.22	0.22	5.52	5.78	i0.80	i2.04	12.00	13.64	13.33	15.53	9.08	6.02	2.66	4.22
Procedimento T4-Thomba	0.24	0.24	7.28	7.53	i3.60	i4.84	14.80	16.44	16.34	18.54	12.09	9.03	5.32	6.88
Técnica T5-SRI	0.23	0.24	6.70	6.97	i2.7i	i3.96	13.91	15.56	15.38	17.58	11.13	8.07	4.48	6.04
S.E ±	0.0i	0.0i	0.34	0.35	0.55	0.52	0.53	0.53	0.55	0.53	0.47	0.49	0.28	0.37
C.D. a 5	0.02	0.03	i.ii	i.i4	i.78	i.70	1.73	1.72	1.79	1.74	1.54	1.59	0.92	1.22
Fontes de fertilizantes														
Fi-RDF	0.24	0.24	6.05	6.30	ii.65	i3.08	12.85	14.48	14.25	16.43	9.98	6.94	3.47	5.02
F2 substituição de briquetes de ureia-DAP	0.26	0.26	7.i4	7.43	i3.39	i4.89	14.59	16.29	16.11	18.38	11.93	8.80	5.12	6.74
Substituição F3 para briquetes de ureia suphala	0.24	0.25	6.52	6.77	i2.43	i3.83	13.63	15.23	15.08	17.23	10.78	7.77	4.21	5.70
S.E ±	0.0i	0.0i	0.i6	0.i6	0.24	0.29	0.25	0.22	0.26	0.24	0.21	0.20	0.13	0.19
C.D. a 5	N.S.	N.S.	0.48	0.47	0.72	0.84	0.74	0.65	0.77	0.70	0.61	0.60	0.38	0.56
Interação E.S. ± **efeito**	0.0i	0.0i	0.36	0.35	0.54	0.64	0.55	0.49	0.58	0.53	0.46	0.45	0.29	0.42
C.D. a 5	N.S.	N.S.	N.S.	N.S.	N.S.	N.S.	N.S.	N.S.	N.S.	N.S.	N.S.	N.S.	N.S.	N.S.
Média global	0.25	0.25	6.57	6.83	12.49	13.94	13.69	15.33	15.15	17.34	7.84	10.89	4.26	5.82

Aos 45, 60, 75, 90, 105 DAS e na colheita, a área foliar máxima foi observada com os briquetes de ureia-DAP (F2), que foram significativamente superiores aos tratamentos de ureia-suphala (F3) e RDF (F1). No entanto, os briquetes de ureia-suphala (F3) foram significativamente superiores ao tratamento RDF (F1) em ambos os anos de ensaio.

Efeitos de interação

Todos os efeitos de interação entre os métodos de cultivo e as fontes de fertilizantes foram considerados insignificantes em relação à área foliar total média da colina^{-1} em todas as fases de crescimento da planta em ambos os anos.

4.2.4 Número médio de lâminas de arado Colina^{-1}

Os dados relativos ao número médio de montículos de colheita registados em diferentes estádios de crescimento da cultura^{-1} são apresentados no quadro 11 e representados na figura 6. Estes diferiram significativamente em todos os estádios de crescimento da cultura, ou seja, aos 45, 60, 75, 90, 105 DAS e na colheita. Dos 60 aos 90 DAS, registou-se um aumento gradual do número de montículos do povoamento^{-1} , que diminuiu na colheita.

Impacto dos métodos de cultivo

Aos 45 DAS, o maior número de montes de povoamento^{-1} foi observado no caso do transplante (T1), seguido pela técnica SRI (T5) e pelo método Thomba (T4), que foram equivalentes mas significativamente melhores do que o tratamento de sementes antes da monção (T2) e o tratamento de sementes no início da monção (T3). O tratamento das sementes antes da monção (T2) foi significativamente melhor do que o tratamento das sementes no início da monção (T3) em ambos os anos.

Aos 60 DAS, o maior número de montes de povoamento^{-1} foi encontrado no caso de transplante (T1), seguido pela técnica SRI (T5) e pelo método Thomba (T4), que foram equivalentes mas significativamente melhores do que o tratamento de sementeira antes da monção (T2) e o tratamento de sementeira no início da monção (T3). O tratamento de sementeira antes da monção (T2) foi considerado equivalente ao tratamento de sementeira no início da monção (T3) em ambos os anos.

Aos 75, 90 e 105 DAS, o maior número de rebentos foi observado com o transplante (T1), seguido pela técnica SRI (T5) e o método Thomba (T4), todos equivalentes mas significativamente melhores do que o tratamento de sementes antes da monção (T2) e o tratamento de sementes no início da monção (T3). O tratamento das sementes antes da monção (T2) foi significativamente melhor do que o tratamento das sementes no início da monção (T3) em ambos os anos.

Na colheita, o maior número de lâminas de arado foi registado^{-1} no caso do transplante (T1), seguido da técnica SRI (T5) e do método Thomba (T4) nessa ordem decrescente, que foram equivalentes mas significativamente melhores do que a sementeira antes das monções (T2) e a sementeira no início das monções (T3). Do mesmo modo, o tratamento de sementeira antes da monção (T2) foi equivalente ao tratamento de sementeira no início da monção (T3) em ambos os anos.

Efeito das fontes de fertilizantes

Aos 45, 60, 75, 90, 105 DAS e na colheita, o número de^{-1} rebentos foi significativamente influenciado pelas diferentes fontes de fertilizantes estudadas. O número de rebentos foi mais elevado no tratamento com briquetes de ureia-DAP (F2) e igualou o do tratamento com briquetes de ureia-sulfala (F3), mas foi significativamente mais elevado no tratamento com FTR (F1) em ambos os anos de ensaio.

Efeitos de interação

Os efeitos de interação entre os métodos de cultivo e os fertilizantes não alcançaram significância para o número médio de montes de lavoura^{-1} em todos os estágios de crescimento da planta em ambos os anos.

Tratamentos	45 DAS		60 DAS		75 DAS		90 DAS		105 DAS		Aquando da colheita	
	2009	**2010**	**2009**	**2010**	**2009**	**2010**	**2009**	**2010**	**2009**	**2010**	**2009**	**2010**
Métodos de implantação das culturas												
Transplante de Ti	3.38	4.87	6.72	8.41	9.04	11.44	11.24	13.65	10.05	12.06	9.71	11.69
T2 sementeira pré-monção	2.25	3.59	4.39	6.13	6.71	9.16	8.90	11.37	7.72	9.78	7.37	9.38
T3-Diblando sementes no	1.60	2.29	3.03	4.83	5.35	7.83	7.54	10.04	6.35	8.45	6.09	8.02
Início da monção Método T4-Thomba	3.07	4.54	6.35	8.08	8.67	11.15	10.86	13.36	9.67	11.77	9.36	11.40
Técnica T5-SRI	3.16	4.74	6.61	8.28	8.93	11.33	11.13	13.53	9.94	11.95	9.59	11.58
S.E ±	0.19	0.33	0.46	0.44	0.38	0.39	0.37	0.33	0.42	0.32	0.44	0.43
C.D. a 5	0.61	1.07	1.50	1.45	1.25	1.27	1.21	1.08	1.35	1.04	1.42	1.39
Fontes de fertilizantes												
F1-RDF	2.12	3.29	4.66	6.37	6.98	9.43	9.18	11.63	7.99	10.05	7.66	9.67
F2 substituição de briquetes de ureia-DAP	3.07	4.58	6.04	7.72	8.36	10.74	10.55	12.95	9.37	11.37	9.02	10.97
F3 substituição de ureia- Briquetes de sufala	2.89	4.15	5.56	7.35	7.88	10.37	10.07	12.58	8.88	11.00	8.59	10.60
S.E ±	0.15	0.17	0.22	0.22	0.21	0.19	0.19	0.18	0.23	0.19	0.22	0.22
C.D. a 5	0.45	0.52	0.65	0.64	0.61	0.56	0.55	0.53	0.69	0.55	0.65	0.63
Interação E.S. ± **efeito**	0.34	0.39	0.48	0.48	0.46	0.42	0.41	0.40	0.52	0.42	0.49	0.48
C.D. a 5	N.S.	N.S.	N.S.	N.S.	N.S.	N.S.	N.S.	N.S.	N.S.	N.S.	N.S.	N.S.
Média global	2.69	4.01	5.42	7.15	7.74	10.18	9.93	12.39	8.75	10.80	8.42	10.41

Tabela 11. Número médio de grãos de arroz em diferentes estágios de crescimento sob a influência de diferentes tratamentos

4.2.5 Produção de matéria seca

O padrão de produção de matéria seca e a sua distribuição entre as diferentes partes sob a influência de diferentes métodos de cultivo e fontes de fertilizantes em diferentes estádios de crescimento da planta são descritos nas secções seguintes.

4.2.5.1 Matéria seca média das folhas Hills^{-1}

Os dados sobre a produção de matéria seca nas folhas em diferentes estágios de crescimento são apresentados na Tabela 12 e na Figura 7. A matéria seca média das folhas^{-1} na colheita foi medida em 12,13 g e 13,16 g em 2009 e 2010, respetivamente.

Impacto dos métodos de cultivo

Os dados apresentados no quadro 12 mostram que a produção de matéria seca foliar não atingiu o nível de significância aos 30 DAS e, por conseguinte, todos os tratamentos foram equivalentes em termos de matéria seca foliar em ambos os anos de ensaio.

Aos 45 DAS, a produção de matéria seca foliar foi mais elevada com o método de transplante (T1), seguido do método Thomba (T4) e da técnica SRI (T5), por esta ordem decrescente, que foram equivalentes mas significativamente melhores do que a sementeira antes das monções (T2) e a sementeira no início das monções (T3). No entanto, em ambos os anos de ensaio, a sementeira antes da monção (T2) foi significativamente melhor do que a sementeira no início da monção (T3).

Aos 60 DAS, o método de transplante (T1) registou uma produção máxima de matéria seca foliar, a par com o método Thomba (T4) e a técnica SRI (T5), mas a produção média de matéria seca foliar nas colinas^{-1} foi significativamente superior à introdução de sementes antes da monção (T2) e à introdução de sementes no início da monção (T3). No entanto, no primeiro ano, o método Thomba e a técnica SRI (T5) igualaram a aplicação de sementes antes da monção (T2), mas foram significativamente melhores do que a aplicação de sementes no início da monção (T3). A aplicação de sementes antes da monção (T2) e a aplicação de sementes no início da monção (T3) foram equivalentes nos dois anos de ensaio.

Para 75 DAS, a produção de matéria seca foliar apresentou o maior valor no plantio (T1), seguido pelo método Thomba (T4) e pela técnica SRI (T5), que foram equivalentes, mas significativamente melhores do que a pulverização de sementes antes da monção (T2) e a pulverização de sementes no início da monção (T3). No entanto, no primeiro ano, a técnica SRI (T5) foi equivalente à pulverização de sementes antes da monção (T2), mas significativamente melhor do que a pulverização de sementes no início da monção (T3). A mistura de sementes antes da monção (T2) e a mistura de sementes no início da monção (T3) foram equivalentes em ambos os anos.

Aos 90 DAS, a produção de matéria seca foliar foi maior para o método de transplante (T1), seguido pelo método Thomba (T4) e pela técnica SRI (T5), que foram equivalentes, mas significativamente melhores do que a adição de sementes antes da monção (T2) e a adição de sementes no início da monção (T3). No entanto, a sementeira antes da monção (T2) e a sementeira no início da monção (T3) foram equivalentes nos dois anos de ensaio.

Aos 105 DAS e na colheita, a produção de matéria seca nas folhas foi mais elevada para o método de transplante (T1), seguido do método Thomba (T4) e da técnica SRI (T5), que foram equivalentes mas significativamente melhores do que a aplicação de sementes antes da estação (T2).

Tabela 12. Massa seca média das folhas^{-1} (g) de arroz em diferentes estágios de crescimento sob a influência de diferentes tratamentos

Tratamentos	30 DAS		45 DAS		60 DAS		75 DAS		90 DAS		105 DAS		Aquando da colheita	
	2009	2010	2009	2010	2009	2010	2009	2010	2009	2010	2009	2010	2009	2010
Métodos de implantação das culturas														
T i -transplante	0.95	1.18	6.68	7.13	9.87	11.50	9.38	10.71	12.94	14.08	13.04	14.26	13.09	14.29
T2 sementeira pré-monção	1.05	1.15	4.42	5.16	7.87	9.45	7.84	9.09	11.06	12.13	11.47	12.43	11.52	12.46
T3-Diblando sementes no início da estação das monções	1.10	1.01	3.35	4.14	6.98	8.54	7.17	8.39	10.17	11.25	10.90	11.85	10.95	11.88
Procedimento T4-Thomba	1.08	1.08	6.20	7.06	9.49	11.12	9.09	10.37	12.36	13.48	12.51	13.65	12.56	13.68
Técnica T5-SRI	0.98	1.04	6.12	6.94	9.44	11.06	9.05	10.33	12.23	13.35	12.48	13.47	12.53	13.50
S.E ±	0.07	0.07	0.28	0.26	0.50	0.46	0.37	0.31	0.30	0.28	0.31	0.29	0.31	0.29
C.D. a 5	N.S.	N.S.	0.93	0.85	1.64	1.51	1.21	1.01	0.99	0.92	1.03	0.94	1.03	0.94
Fontes de fertilizantes														
F1-RDF	1.01	1.14	4.18	4.95	7.68	9.26	7.70	8.95	10.94	12.06	11.41	12.38	11.46	12.41
F2 substituição de briquetes de ureia-DAP	0.98	1.05	6.19	6.83	9.49	11.11	9.09	10.37	12.48	13.53	12.57	13.76	12.62	13.79
Substituição F3 para briquetes de ureia suphala	1.11	1.08	5.69	6.47	9.02	10.63	8.73	10.02	11.84	12.99	12.27	13.25	12.32	13.28
S.E ±	0.04	0.04	0.18	0.32	0.36	0.37	0.27	0.28	0.22	0.24	0.23	0.24	0.23	0.24
C.D. a 5	N.S.	N.S.	0.54	0.94	1.07	1.09	0.79	0.82	0.66	0.70	0.67	0.70	0.67	0.70
Interação E.S. ± **efeito**	0.08	0.08	0.40	0.71	0.81	0.82	0.59	0.61	0.50	0.53	0.50	0.53	0.50	0.53
C.D. a 5	N.S.	N.S.	N.S.	N.S.	N.S.	N.S.	N.S.	N.S.	N.S.	N.S.	N.S.	N.S.	N.S.	N.S.
Média global	1.03	1.09	5.35	6.08	8.73	10.33	9.14	9.78	11.75	12.86	12.08	13.130	12.13	13.16

e a pulverização de sementes no início da monção (T3). No entanto, no primeiro ano, a técnica SRI (T5) foi equivalente à adição de sementes antes da monção (T2), mas significativamente melhor do que a adição de sementes no início da monção (T3). A incorporação de sementes antes da monção (T2) e a incorporação de sementes no início da monção (T3) foram equivalentes nos dois anos de ensaio.

Efeito das fontes de fertilizantes

Os dados apresentados no quadro 12 mostram que, aos 30 DAS, a produção média de matéria seca das folhas não é significativamente influenciada pelas diferentes fontes de fertilizantes e que todos os tratamentos são, portanto, equivalentes nos dois anos.

Aos 45, 60, 75, 90, 105 DAS e na colheita, o tratamento com briquetes de ureia DAP (F2) no arroz registou a produção máxima de matéria seca nas folhas, a par da aplicação de briquetes de ureia suphala (F3) no arroz, mas ambos os tratamentos se revelaram significativamente melhores do que o FTR (F1) ao longo dos dois anos do ensaio.

Efeito de interação

Os efeitos da interação entre os métodos de cultivo e os fertilizantes não atingiram significância para nenhuma das fases de crescimento em nenhum dos anos em termos de produção média de matéria seca das folhas de arroz.-

4.2.5.2 Massa seca média do tronco Collines^{-1}

Os dados sobre a produção média de matéria seca do caule^{-1} em diferentes estágios de crescimento da planta são apresentados na Tabela 13 e na Figura 8. Foi observado um aumento gradual na produção média de matéria seca do caule da colina^{-1} dos 60 aos 90 DAS e um aumento a uma taxa decrescente na colheita. A massa seca média dos caules em^{-1} foi medida em 2009 e 2010 na colheita com 13,91 g e 14,74 g, respetivamente.

Impacto dos métodos de cultivo

Os dados apresentados no quadro 13 mostram que a produção média de matéria seca do caule aos 30 DAS não foi significativamente influenciada pelos diferentes métodos de cultivo e que, por conseguinte, todos os tratamentos foram equivalentes em ambos os anos.

Aos 45 DAS, a produção de matéria seca do caule foi mais elevada com o método de plantação (T1), seguido do método Thomba (T4) e da técnica SRI (T5), que foram equivalentes mas significativamente melhores do que a adição de sementes antes da monção (T2) e a adição de sementes no início da monção (T3). No entanto, a aplicação de sementes antes da monção (T2) foi significativamente melhor do que a aplicação de sementes no início da monção (T3) em ambos os anos de ensaio.

Aos 60 DAS, o método de transplante (T1) registou uma produção máxima de matéria seca do caule, a par do método Thomba (T4) e da técnica SRI (T5), mas registou uma produção de matéria seca do caule significativamente mais elevada^{-1} do que a introdução de sementes antes da monção (T2) e a introdução de sementes no início da monção (T3). No entanto, no primeiro ano, o método Thomba e a técnica SRI (T5) igualaram a introdução de sementes antes da monção (T2), mas foram significativamente melhores do que a introdução de sementes no início da monção (T3). A adição de sementes antes da monção (T2) e a adição de sementes no início da monção (T3) foram equivalentes nos dois anos de ensaio.

Para 75 DAS, a produção de matéria seca do caule foi maior no plantio (T1), seguida pelo método Thomba (T4) e pela técnica SRI (T5), que foram equivalentes, mas significativamente melhores do que a pulverização de sementes antes da monção (T2) e a pulverização de sementes no início da monção (T3). No entanto, no primeiro ano, a técnica SRI (T5) foi equivalente à pulverização de sementes antes da monção (T2), mas significativamente melhor do que a pulverização de sementes no início da monção (T3). A sementeira antes da monção (T2) e a sementeira no início da monção (T3) foram equivalentes em ambos os anos de ensaio.

Para 90 DAS, a produção de matéria seca do caule foi maior no plantio (T1), seguida pelo método Thomba (T4) e pela técnica SRI (T5), que foram equivalentes, mas significativamente melhores do que a adição de sementes antes da monção (T2) e a adição de sementes no início da monção (T3). No entanto, a aplicação de sementes antes da monção (T2) e a aplicação de sementes no início da monção (T3) foram equivalentes nos dois anos.

Aos 105 DAS e na colheita, a produção de matéria seca do caule foi maior no plantio (T1), seguida pelo método Thomba (T4) e pela técnica SRI (T5), que foram equivalentes, mas significativamente melhores do que a pulverização de sementes antes da monção (T2) e a pulverização de sementes no início da monção (T3). No entanto, no primeiro ano, a técnica SRI (T5) foi equivalente à pulverização de sementes antes da monção (T2), mas significativamente melhor do que a pulverização de sementes no início da monção (T3). A sementeira antes da monção (T2) e a sementeira no início da monção (T3) foram equivalentes em ambos os anos de ensaio.

Efeito das fontes de fertilizantes

Os dados apresentados no Quadro 13 mostram que a produção média de matéria seca no caule aos 30 DAS não foi influenciada pelas diferentes fontes de fertilizantes e que todos os tratamentos são, portanto, equivalentes. Aos 45, 60, 75, 90, 105 DAS e na colheita, o tratamento com briquetes de ureia DAP (F2) registou uma distribuição máxima de matéria seca no caule, que foi atingida aos

Tabela 13. Peso seco médio^{-1} (g) do arroz em diferentes estágios de crescimento sob a influência de diferentes tratamentos.

Tratamentos	30 DAS		45 DAS		60 DAS		75 DAS		90 DAS		105 DAS		Aquando da colheita	
	2009	2010	2009	2010	2009	2010	2009	2010	2009	2010	2009	2010	2009	2010
Métodos de implantação das culturas														
T i -transplante	2.04	2.54	5.58	5.95	10.25	11.94	13.48	15.38	14.37	15.64	14.59	15.84	14.66	15.91
T2 sementeira pré-monção	2.25	2.47	3.69	4.31	8.17	9.81	11.27	13.06	12.29	13.48	12.76	13.99	12.83	14.05
T3-Diblando sementes no início da estação das monções	2.36	2.16	2.80	3.45	7.25	8.87	10.30	12.06	11.30	12.50	12.22	13.44	12.29	13.50
Procedimento T4-Thomba	2.31	2.31	5.17	5.89	9.86	11.54	13.07	14.90	13.73	14.97	13.90	15.15	13.97	15.21
Técnica T5-SRI	2.10	2.22	5.11	5.79	9.81	11.49	13.01	14.84	13.58	14.83	13.72	14.97	13.78	15.03
S.E ±	0.16	0.15	0.24	0.22	0.52	0.48	0.53	0.45	0.34	0.31	0.30	0.27	0.30	0.27
C.D. a 5	N.S.	N.S.	0.77	0.71	1.70	1.57	1.74	1.46	1.10	1.02	0.97	0.89	0.97	0.89
Fontes de fertilizantes														
F1-RDF	2.15	2.45	3.49	4.13	7.98	9.62	11.07	12.85	12.15	13.40	12.70	13.93	12.77	13.99
F2 substituição de briquetes de ureia-DAP	2.11	2.25	5.17	5.70	9.85	11.54	13.06	14.89	13.86	15.03	14.11	15.36	14.18	15.42
Substituição F3 para briquetes de ureia suphala	2.38	2.32	4.75	5.40	9.37	11.04	12.54	14.40	13.15	14.42	13.51	14.76	13.58	14.82
S.E ±	0.08	0.09	0.15	0.27	0.38	0.38	0.38	0.40	0.25	0.26	0.21	0.22	0.21	0.22
C.D. a 5	N.S.	N.S.	0.45	0.79	1.11	1.13	1.13	1.17	0.73	0.78	0.63	0.66	0.63	0.66
Interação E.S. ± **efeito**	0.17	0.19	0.33	0.59	0.84	0.85	0.85	0.88	0.55	0.58	0.47	0.50	0.47	0.50
C.D. a 5	N.S.	N.S.	N.S.	N.S.	N.S.	N.S.	N.S.	N.S.	N.S.	N.S.	N.S.	N.S.	N.S.	N.S.
Média global	2.21	2.34	4.47	5.08	9.07	10.73	12.22	14.05	13.05	14.28	13.44	14.68	13.91	14.74

idêntico ao dos briquetes de suphala ureia (F3), mas ambos os tratamentos foram significativamente melhores do que o FTR (F1) em ambos os anos.

Efeito de interação

Os efeitos de interação entre as práticas de cultivo e as fontes de fertilizantes foram considerados insignificantes no que diz respeito à produção média de matéria seca do caule^{-1} para o arroz em ambos os anos e em todas as fases de crescimento da planta. **4.2.5.3 Colina média de matéria seca da panícula^{-1}**

Os dados sobre a produção média de matéria seca das panículas do^{-1} em diferentes estágios de crescimento do arroz são apresentados na Tabela 14 e na Figura 9. A média de matéria seca das panículas^{-1} foi determinada em 2009 e 2010 na fase de colheita com 15,84 g e 17,35 g, respetivamente.

Impacto dos métodos de cultivo

Os dados apresentados na Tabela 14 mostram que aos 60 DAS, a matéria seca máxima das panículas de^{-1} colina é observada com o tratamento de transplante (T1), seguido pelo método Thomba e a técnica SRI (T5), equivalente, mas significativamente melhor do que os tratamentos com mistura de sementes pré-monção (T2) e mistura de sementes do início da monção (T3). No primeiro ano, o método Thomba e a técnica SRI (T5) foram equivalentes ao tratamento de sementes antes da monção (T2), mas melhores do que o tratamento de sementes antes da monção (T3). A pulverização de sementes antes da monção (T2) e a pulverização de sementes no início da monção (T3) também foram equivalentes em ambos os anos de ensaio.

Aos 75 DAS, a matéria seca máxima da panícula foi observada na colina^{-1} com o tratamento de transplante (T1), seguido pelo método Thomba e pela técnica SRI (T5), que foram equivalentes, mas significativamente melhores do que os tratamentos de semeadura antes da monção (T2) e no início da monção (T3). No primeiro ano, a técnica SRI (T5) foi equivalente à aplicação de sementes antes da monção (T2), mas significativamente melhor do que a aplicação de sementes no início da monção (T3). A aplicação de sementes antes da monção (T2) e a aplicação de sementes no início da monção (T3) também foram equivalentes nos dois anos de ensaio.

Aos 90 DAS, a matéria seca máxima da panícula foi observada na colina^{-1} para o tratamento de transplante (T1), seguido pelo método Thomba e a técnica SRI (T5), que são equivalentes, mas significativamente melhores do que os tratamentos de adição de sementes antes da monção (T2) e adição de sementes no início da monção (T3). A incorporação de sementes antes da monção (T2) e a incorporação de sementes no início da monção (T3) foram, no entanto, equivalentes nos dois anos de ensaio.

Para 105 DAS, a matéria seca máxima da panícula foi observada em^{-1} com o tratamento do método de plantio (T1), seguido pelo método Thomba e a técnica SRI (T5), que foram equivalentes, mas significativamente melhores do que os tratamentos de revestimento de sementes antes da monção (T2) e revestimento de sementes no início da monção (T3). No primeiro ano, a técnica SRI (T5) foi equivalente ao tratamento de adição de sementes antes da monção (T2), mas significativamente melhor do que o tratamento de adição de sementes no início da monção (T3). No entanto, a adição de sementes antes da monção (T2) e a adição de sementes no início da monção (T3) foram equivalentes nos dois anos de ensaio.

Tratamentos	60 DAS		75 DAS		90 DAS		105 DAS		Aquando da colheita	
	2009	2010	2009	2010	2009	2010	2009	2010	2009	2010
Métodos de implantação das culturas										
Transplante de Ti	0.40	0.47	2.56	2.92	i2.30	13.39	16.01	17.67	16.83	18.40
T2 sementeira pré-monção	0.32	0.38	2.i4	2.48	i0.52	11.54	14.34	15.97	15.08	16.62
T3-Diblando sementes no Início da monção Método T4-Thomba	0.28	0.35	i.96	2.29	9.67	10.70	13.60	15.21	14.30	15.83
	0.38	0.45	2.48	2.83	ii.75	12.82	15.69	17.36	16.51	17.90
Técnica T5-SRI	0.38	0.45	2.47	2.82	ii.62	12.69	15.65	17.31	16.46	18.02
S.E ±	0.02	0.02	0.i0	0.08	0.29	0.27	0.41	0.38	0.44	0.40
C.D. a 5	0.07	0.06	0.33	0.28	0.94	0.87	1.34	1.23	1.44	1.31
Fontes de fertilizantes										
Fi-RDF	0.3i	0.38	2.i0	2.44	i0.40	11.47	14.18	15.81	14.92	16.36
F2 substituição de briquetes de ureia-DAP F3 substituição de ureia-	0.38	0.45	2.48	2.83	ii.86	12.87	15.69	17.35	16.50	18.06
Briquetes de sufala	0.37	0.43	2.38	2.74	ii.26	12.35	15.30	16.95	16.09	17.64
S.E ±	0.0i	0.0i	0.07	0.08	0.2i	0.23	0.29	0.31	0.32	0.32
C.D. a 5	0.04	0.04	0.22	0.22	0.63	0.67	0.87	0.91	0.94	0.95
Interação E.S. ± **efeito**	0.03	0.03	0.i6	0.i6	0.47	0.50	0.65	0.69	0.71	0.71
C.D. a 5	N.S.	N.S.	N.S.	N.S.	N.S.	N.S.	N.S.	N.S.	N.S.	N.S.
Média global	0.35	0.42	2.32	2.67	11.17	12.23	15.06	16.70	15.84	17.35

Tabela 14. Média dos montes de matéria seca das panículas de arroz^{-1} (g) em diferentes estádios de crescimento sob a influência de diferentes tratamentos

Na colheita, a matéria seca da panícula foi mais elevada no primeiro ano do ensaio com o tratamento do método de plantação (T1), seguido do método Thomba e da técnica SRI (T5), que são equivalentes mas superiores aos tratamentos de adição de sementes antes da monção (T2) e de adição de sementes no início da monção (T3).$^{-1}$ O método Thomba e a técnica SRI (T5) são equivalentes à incorporação de sementes antes da monção (T2), mas claramente superiores à incorporação de sementes no início da monção (T3). No entanto, a incorporação de sementes antes da monção (T2) e a incorporação de sementes no início da monção (T3) são iguais. $^{-1}$No segundo ano do ensaio, o tratamento de transplante (T1) produziu o máximo de matéria seca para as panículas, seguido pela técnica SRI (T5) e o método Thomba (T4), todos equivalentes. No entanto, o transplante (T1) e o método SRI (T5) produziram valores significativamente mais elevados de massa seca da panícula^{-1} do que os tratamentos de adição de sementes antes da monção (T2) e adição de sementes no início da monção (T3). O método Thomba (T4) foi equivalente à adição de sementes antes da monção (T2), mas significativamente melhor do que a adição de sementes no início da monção (T3). O mesmo se verificou com o arranque de sementes antes da monção (T2) e com o arranque de sementes no início da monção (T3).

Efeito das fontes de fertilizantes

Em todas as fases de crescimento, *ou seja,* aos 60, 75, 90, 105 DAS e na colheita, a produção de matéria seca nas panículas de^{-1} foi significativamente influenciada pelas diferentes fontes de fertilizante. Os dados (Tabela 14) mostraram que a produção máxima de matéria seca nas panículas de Hügel^{-1} foi encontrada no caso dos briquetes de ureia-DAP (F2), seguidos pelos briquetes de ureia-suphala (F3), que estavam empatados, mas encontraram uma produção de matéria seca significativamente mais elevada nas panículas de Hügel^{-1} do que o FTR (F1) em ambos os anos de ensaio.

Efeito de interação

Os efeitos de interação entre as práticas de cultivo e as fontes de fertilizantes foram considerados insignificantes em termos de produção média de matéria seca na^{-1} panícula do arroz em ambos os anos e em todas as fases de crescimento.

4.2.5.4 Produção média total de matéria seca

Os dados sobre a produção total de matéria seca sob a influência de diferentes métodos de cultivo e fontes de fertilizantes em diferentes fases de crescimento são apresentados no Quadro 15 e na Figura 10. A produção de matéria seca das plantas de arroz aumentou ao longo do período de crescimento. Até aos 60 DAS, a produção de matéria seca foi bastante lenta. No entanto, a partir dos 60 DAS, iniciou-se uma fase de rápido aumento da produção de matéria seca. A produção de matéria seca do arroz foi muito variável aos 30, 45, 60, 75, 90, 105 DAS e na colheita. A massa seca total média foi de 41,18 g e 45,26 g em 2009 e 2010, respetivamente, na fase de colheita do arroz.

Impacto dos métodos de cultivo

Os dados apresentados na Tabela 15 mostram que as diferenças na produção de matéria seca total aos 30 DAS são discretas e não foram estatisticamente significativas devido aos diferentes métodos de cultivo.

Aos 45 DAS, a produção total de matéria seca foi mais elevada na plantação (T1), seguida pelo método Thomba (T4) e pela técnica SRI (T5), que foram equivalentes mas significativamente melhores do que a aplicação de sementes antes da monção (T2) e a aplicação de sementes no início da monção (T3). No entanto, a aplicação de sementes antes da monção (T2) foi significativamente melhor do que a aplicação de sementes no início da monção (T3) em ambos os anos de ensaio.

Aos 60 DAS, o método de transplante (T1) registou a maior produção total de matéria seca, a par do método Thomba (T4) e da técnica SRI (T5), mas para a produção total de matéria seca, a colina^{-1} foi claramente superior à sementeira pré-monção (T2) e à sementeira no início da monção (T3). Em 2009, no entanto, o método Thomba e a técnica SRI (T5) foram equivalentes à aplicação de sementes antes da monção (T2), mas significativamente melhores do que a aplicação de sementes no início da monção (T3). A aplicação de sementes antes da monção (T2) e a aplicação de sementes no início da monção (T3) foram equivalentes em ambos os anos de ensaio.

Aos 75 DAS, a produção total de matéria seca foi mais elevada com o método de transplante (T1), seguido do método thomba (T4) e da técnica SRI (T5), que foram equivalentes mas significativamente melhores do que a adição de sementes antes das monções (T2) e a adição de sementes no início das monções (T3). Em 2009, no entanto, a técnica SRI (T5) foi equivalente à sementeira pré-monção (T2), mas significativamente melhor do que a sementeira no início da monção (T3), enquanto a sementeira pré-monção (T2) e a sementeira no início da monção (T3) foram equivalentes em ambos os anos de ensaio.

Aos 90 anos, a produção total de matéria seca foi maior para o método de plantio (T1), seguido pelo método Thomba (T4).

Tabela 15. Colina de massa seca total^{-1} (g) de arroz em diferentes estágios de crescimento sob a influência de diferentes tratamentos

Tratamentos	30 DAS		45 DAS		60 DAS		75 DAS		90 DAS		105 DAS		Aquando da colheita	
	2009	2010	2009	2010	2009	2010	2009	2010	2009	2010	2009	2010	2009	2010
Métodos de implantação das culturas														
Transplante de Ti	2.99	3.72	i2.26	i3.08	20.52	23.91	25.42	29.01	39.81	43.32	43.64	47.77	44.59	48.60
T2 sementeira pré-monção	3.3i	3.62	8.ii	9.48	16.35	19.64	21.25	24.63	34.04	37.33	38.57	42.39	39.43	43.13
T3-Diblando sementes no início da estação das monções	3.46	3.i8	6.i5	7.59	14.51	17.75	19.42	22.75	31.30	34.62	36.73	40.50	37.55	41.21
Procedimento T4-Thomba	3.40	3.38	ii.37	i2.95	19.74	23.11	24.64	28.11	33.03	41.48	42.10	46.16	43.04	46.79
Técnica T5-SRI	3.08	3.26	ii.23	i2.73	19.63	23.00	24.54	28.00	37.62	41.07	41.85	45.75	42.78	46.55
S.E ±	0.23	0.22	0.52	0.48	1.04	0.96	1.01	0.84	0.93	0.87	1.02	0.94	1.05	0.96
C.D. a 5	N.S.	N.S.	i.70	i.56	3.41	3.14	3.29	2.75	3.04	2.82	3.33	3.06	3.43	3.14
Fontes de fertilizantes														
Fi-RDF	3.i6	3.59	7.67	9.09	15.97	19.25	20.88	24.24	33.65	37.11	38.29	42.11	39.15	42.75
F2 substituição de briquetes de ureia-DAP	3.09	3.30	ii.36	i2.53	19.73	23.09	24.63	28.09	38.40	41.64	42.37	46.46	43.30	47.27
Substituição F3 para briquetes de ureia suphala	3.49	3.4i	i0.44	ii.87	18.75	22.10	23.66	27.16	36.43	39.95	41.07	44.96	41.98	45.74
S.E ±	0.ii	0.i3	0.33	0.59	0.75	0.77	0.72	0.75	0.69	0.73	0.73	0.77	0.76	0.78
C.D. a 5	N.S.	N.S.	0.99	i.73	2.22	2.27	2.13	2.21	2.03	2.15	2.16	2.27	2.23	2.31
Efeito de interação														
S.E ±	0.25	0.27	0.74	i.3i	1.68	1.71	1.61	1.67	1.53	1.63	1.63	1.72	1.68	1.74
C.D. a 5	N.S.	N.S.	N.S.	N.S.	N.S.	N.S.	N.S.	N.S.	N.S.	N.S.	N.S.	N.S.	N.S.	N.S.
Média global	3.25	3.43	9.82	11.16	18.15	21.48	23.05	26.50	36.16	39.57	40.58	44.51	41.48	45.26

e a técnica SRI (T5), que foram equivalentes, mas significativamente melhores do que a adição de sementes antes da monção (T2) e a adição de sementes no início da monção (T3). No entanto, a aplicação de sementes antes da monção (T2) e a aplicação de sementes no início da monção (T3) foram equivalentes em ambos os anos.

Aos 105 DAS e na colheita, a produção total de matéria seca foi maior no plantio (T1), seguida pelo método Thomba (T4) e pela técnica SRI (T5), que foram equivalentes, mas significativamente melhores do que o revestimento de sementes antes da monção (T2) e o revestimento de sementes no início da monção (T3). No primeiro ano, a técnica SRI (T5) foi equivalente à pulverização de sementes antes da monção (T2), mas significativamente melhor do que a pulverização de sementes no início da monção (T3). Da mesma forma, a pulverização de sementes antes da monção (T2) e a pulverização de sementes no início da monção (T3) foram equivalentes nos dois anos de ensaio.

Efeito das fontes de fertilizantes

No que respeita aos fertilizantes, não se observou qualquer efeito significativo das diferentes fontes de fertilizantes na primeira fase de crescimento, ou seja, aos 30DAS, pelo que todos os tratamentos foram equivalentes nos dois anos.

Aos 45, 60, 75, 90, 105 DAS e na colheita, a produção total de matéria seca da colina^{-1} foi significativamente influenciada pelas diferentes fontes de fertilizantes. A Tabela 15 mostra que o tratamento com briquetes de ureia DAP (F2) produziu o máximo de matéria seca total, comparável ao tratamento com briquetes de ureia suphala (F3), mas deu uma produção de matéria seca total significativamente maior na colina^{-1} em comparação com o RDF (F1) em ambos os anos de ensaio.

Efeito de interação

Os efeitos da interação entre os diferentes métodos de cultivo e os fertilizantes revelaram-se insignificantes em termos de produção total de matéria seca^{-1} para o arroz em ambos os anos e em todas as fases de crescimento.

4.3 Sinais de desempenho

Os dados sobre as características relevantes para o rendimento, *nomeadamente* o número de panículas no monte^{-1} , o comprimento da panícula, o número de grãos cheios na panícula^{-1} , o número de grãos não cheios na panícula^{-1} , o peso dos grãos cheios na panícula^{-1} e o peso do teste de acordo com os diferentes tratamentos são apresentados nos quadros 16 e 17.

4.3.1 Número de panículas Hill^{-1}

O número de panículas na colina^{-1} foi significativamente influenciado pelos diferentes métodos de cultivo e fontes de fertilizantes ao longo dos dois anos de ensaio. O número médio de panículas na colina^{-1} foi de 8,42 e 10,41 durante a *Kharif* 2009 e *Kharif* 2010, respetivamente.

Impacto dos métodos de cultivo

Os dados apresentados na Tabela 16 mostram que o número máximo de panículas na colina^{-1} foi alcançado no plantio (T1), seguido pela técnica SRI (T5) e o método Thomba (T4), que foram iguais, mas alcançaram significativamente mais panículas na colina^{-1} do que a adição de sementes antes da monção (T2) e a adição de sementes no início da monção (T3). A adição de sementes antes da monção (T2) e a adição de sementes no início da monção (T3) foram equivalentes nos dois anos de ensaio.

Efeito das fontes de fertilizantes

A Tabela 16 mostra que o tratamento com briquetes de ureia-DAP (F2) registou o maior número de panículas na colina^{-1} , seguido de briquetes de ureia-sulfala (F3), que ficaram empatados, mas ambos foram significativamente melhores do que o FTR (F1) em ambos os anos.

Efeito de interação

Os efeitos de interação entre os métodos de cultivo e as fontes de fertilizantes foram considerados insignificantes para o número de panículas de arroz^{-1} em ambos os anos.

4.3.2 Comprimento da panícula (cm)

Os dados sobre o comprimento da panícula, influenciado por diferentes métodos de cultivo e fontes de fertilizantes, são apresentados no Quadro 16. O comprimento médio da panícula foi de 23,41 cm em 2009 e 23,66 cm em 2010.

Métodos de cultivo eficientes

Os dados apresentados na Tabela 16 mostram que o comprimento da panícula foi maior no transplante (T1) (25,19 cm), seguido pelo método Thomba (T4) e pela técnica SRI (T5), em ordem decrescente, que foram equivalentes, mas significativamente melhores do que a adição de sementes antes da monção (T2) e a adição de sementes no início da monção (T3). No entanto, em termos de comprimento da panícula de arroz, o corte de sementes antes da monção (T2) e o corte de sementes no início da monção (T3) foram iguais. O menor comprimento de panícula (21,01 cm) foi observado em ambos os anos no tratamento com sementes no início da monção (T3).

Efeito das fontes de fertilizantes

Os dados sobre o comprimento da panícula sob a influência de diferentes fertilizantes (Tabela 16) mostraram que o comprimento da panícula foi o mesmo com briquetes de ureia-DAP (F2) e com briquetes de ureia-Suphala (F3), mas significativamente maior do que com RDF (F1). A aplicação de ureia-suphala

Os briquetes (F3) e o FTR (F1) foram considerados equivalentes durante os dois anos de teste.

Tabela 16. Número de panículas^{-1} , comprimento da panícula (cm), número de grãos cheios^{-1} de arroz na colheita sob a influência de diferentes tratamentos.

Tratamentos	Número de panículas Hill^{-1}		Comprimento da panícula (cm)		Número de grãos cheios Panícula^{-1}	
	2009	2010	2009	2010	2009	2010
Métodos de implantação das culturas						
Transplante de Ti	9.7i	ii.69	25.23	25.16	143.78	152.33
T2 sementeira pré-monção	7.37	9.38	22.33	22.98	104.56	112.22
T3-Diblando sementes no início da estação das monções	6.09	8.02	20.99	21.02	96.56	99.33
Procedimento T4-Thomba	9.36	ii.40	24.12	24.79	141.00	142.44
Técnica T5-SRI	9.59	ii.58	24.39	24.33	132.67	135.89
S.E ±	0.44	0.43	0.62	0.42	5.69	6.77
C.D. a 5	i.42	i.39	2.02	1.37	18.55	22.08
Fontes de fertilizantes						
Fi-RDF	7.66	9.67	22.38	22.85	107.73	109.33
F2 substituição de briquetes de ureia - DAP	9.02	i0.97	24.46	24.47	135.80	141.73
Substituição F3 para briquetes de ureia suphala	8.59	i0.60	23.40	23.65	127.60	134.27
S.E ±	0.22	0.22	0.53	0.42	5.01	4.15
C.D. a 5	0.65	0.63	1.56	1.23	14.76	12.24
Efeito de interação						
S.E ±	0.49	0.48	1.17	0.93	11.19	9.28
C.D. a 5	N.S.	N.S.	N.S.	N.S.	N.S.	N.S.
Média global	8.42	10.41	23.41	23.66	123.71	128.44

Efeito de interação

Os efeitos de interação dos métodos de cultivo e dos fertilizantes no comprimento da panícula de arroz (cm) foram considerados insignificantes em ambos os anos.

4.3.3 Número de grãos cheios Panícula^{-1}

O número de grãos cheios no switchgrass^{-1} foi influenciado por diferentes métodos de cultivo e fontes de fertilizantes ao longo dos dois anos de ensaio. O número médio de grãos cheios no panicaut^{-1} foi de 123,71 e 128,44 em 2009 e 2010, respetivamente.

Impacto dos métodos de cultivo

Os dados apresentados no quadro 16 mostram que o número de sementes cheias na panícula ($^{-1}$) foi mais elevado no transplante (T1), seguido do método Thomba (T4) e da técnica SRI (T5), que foram equivalentes mas significativamente melhores do que a adição de sementes antes da monção (T2) e a adição de sementes no início da monção (T3). A adição de sementes antes da monção (T2) e a adição de sementes no início da monção (T3) foram, no entanto, equivalentes em ambos os anos. **Efeito das fontes de fertilizantes**

Os dados da Tabela 16 mostram que o número de grãos cheios em switchgrass^{-1} foi significativamente influenciado pela aplicação de diferentes fontes. Entre as diferentes fontes, o maior número de grãos cheios no capim-mombaça^{-1} foi observado quando tratado com briquetes de uréia-DAP (F2), que foi igual aos briquetes de uréia-sulfala (F3), mas significativamente melhor do que o FTR (F1) em ambos os anos.

Efeito de interação

No que diz respeito ao número de grãos cheios na panícula^{-1} , nenhum dos efeitos de interação foi significativo em nenhum dos anos.

4.3.4 Peso dos grãos empalhados Panícula^{-1} (gm)

Os dados sobre o peso dos grãos cheios de switchgrass^{-1} de acordo com os diferentes métodos de cultivo e fertilizantes utilizados são apresentados no Quadro 17. O peso médio dos grãos cheios de switchgrass^{-1} foi de 3,19 g e 3,32 g em 2009 e 2010.

Impacto dos métodos de cultivo

Os dados apresentados na Tabela 17 mostram que o peso das sementes cheias na panícula ($^{-1}$) foi maior no transplante (T1), seguido pelo método Thomba (T4) e pela técnica SRI (T5), que foram equivalentes, mas significativamente melhores do que a adição de sementes antes da monção (T2) e a adição de sementes no início da monção (T3). No entanto, a aplicação de sementes antes da monção (T2) e a aplicação de sementes no início da monção (T3) foram equivalentes nos dois anos.

Efeito das fontes de fertilizantes

Os dados do Quadro 17 mostram que o peso dos grãos cheios na panícula ($^{-1}$) foi mais elevado no tratamento com briquetes de ureia-DAP (F2), a par dos briquetes de ureia-sulfala (F3), mas ambos os tratamentos foram significativamente melhores do que o FTR (F1) em ambos os anos.

Efeitos de interação

Todos os efeitos de interação dos métodos de cultivo e dos fertilizantes não atingiram significância para o peso dos grãos cheios na panícula nos dois anos^{-1} .

4.3.5 Número de grãos não cheios Panícula^{-1}

O número de grãos não preenchidos nas panículas do^{-1} foi claramente influenciado pelos diferentes métodos de cultivo e fontes de fertilizantes durante os dois anos de ensaio. O número médio de grãos não preenchidos nas panículas^{-1} foi de 21,71 e 23,18 respetivamente durante a *Kharif* 2009 e *Kharif* 2010.

Métodos de cultivo eficientes

Os dados apresentados no Quadro 17 mostram que o impacto das práticas de cultivo no número de grãos não preenchidos na panícula de arroz^{-1} não foi significativo em nenhum dos anos.

Efeito das fontes de fertilizantes

Os dados apresentados no quadro 17 mostram que o impacto das diferentes fontes de adubo sobre o número de grãos não cheios na panícula^{-1} não atingiu significância em nenhum dos anos.

Efeito de interação

Nenhum dos efeitos de interação foi significativo durante os dois anos do ensaio.

Tabela 17. Peso de grãos cheios na^{-1} panícula, número de grãos não cheios na^{-1} panícula e peso de teste (gm) de arroz na colheita sob a influência de diferentes tratamentos.

Tratamentos	Peso do grão empalhado Panícula^{-1}		Número de grãos não cheios Panícula^{-1}		Peso de ensaio g^{0}	
	2009	2010	2009	2010	2009	2010
Métodos de implantação das culturas						
Transplante de Ti	3.73	3.96	21.44	24.11	25.91	26.00
T2 sementeira pré-monção	2.68	2.88	21.22	22.78	25.63	25.70
T3-Diblando sementes no início da estação das monções	2.47	2.55	22.33	23.78	25.64	25.69
Procedimento T4-Thomba	3.64	3.68	21.67	23.22	25.82	25.87
Técnica T5-SRI	3.42	3.52	21.89	22.00	25.80	25.88
S.E ±	0.15	0.17	1.12	0.95	0.03	0.03
C.D. a 5	0.48	0.56	N.S.	N.S.	0.09	0.10
Fontes de fertilizantes						
F1-RDF	2.77	2.82	20.07	24.20	25.70	25.75
F2 substituição de briquetes de ureia - DAP	3.51	3.67	22.07	22.60	25.81	25.88
Substituição F3 para briquetes de ureia suphala	3.29	3.47	23.00	22.73	25.78	25.85
S.E ±	0.13	0.11	0.90	0.86	0.02	0.02
C.D. a 5	0.38	0.31	N.S.	N.S.	0.06	0.05
Interação E.S. ± **efeito**	0.29	0.23	2.00	1.92	0.04	0.04
C.D. a 5	N.S.	N.S.	N.S.	N.S.	N.S.	N.S.
Média global	3.19	3.32	21.71	23.18	25.76	25.83

4.3.6 Peso de ensaio (gm)

O peso do teste foi significativamente influenciado por diferentes métodos de cultivo e fontes de fertilizantes (ver Quadro 17). O peso médio do teste foi de 25,76 g e 25,83 g em 2009 e 2010, respetivamente. **Efeito dos métodos de cultivo**

Os dados apresentados na Tabela 17 mostram que, em termos de peso de teste, o transplante (T_1) teve um peso de teste mais alto, equivalente a Thomba (T_4) e SRI (T_5), mas esses tratamentos foram significativamente melhores do que a adição de sementes antes da monção (T_2) e a adição de sementes no início da monção (T_3). A adição de sementes antes da monção (T_2) e a adição de sementes no início da monção (T_3) foram equivalentes em ambos os anos.

Efeito das fontes de fertilizantes

Entre os diferentes fertilizantes, foi encontrado um peso de teste mais elevado para o tratamento com briquetes de ureia-DAP (F_2), seguido de briquetes de ureia-Suphala (F_3), mas foi encontrada uma superioridade significativa em relação ao FTR (F_1) em ambos os anos.

Efeito de interação

Os efeitos de interação não foram significativos em termos de pesos de ensaio para os dois anos.

4.4 Estudos de desempenho

Os dados relativos ao rendimento de grãos (q ha^{-1}), rendimento de palha (q ha^{-1}) e rendimento orgânico (q ha^{-1}) do arroz sob a influência de diferentes tratamentos são apresentados no Quadro 18 e representados na Figura 11.

4.4.1 Rendimento de grãos (q ha)$^{-1}$

O rendimento médio dos grãos foi de 47,24 q ha^{-1} , 51,02 q ha^{-1} e 49,13 q ha^{-1} em 2009, 2010 e no caso da média agrupada de cada vez.

Impacto dos métodos de cultivo

Os dados apresentados na Tabela 18 mostram que o método de transplante (T_1) deu o melhor rendimento de grãos, seguido pelo método Thomba (T_4) e a técnica SRI (T_5), que foram equivalentes, mas significativamente melhores do que a semeadura pré-monção (T_2) e a semeadura no início da monção (T_3). No entanto, a técnica SRI (T5) foi equivalente à sementeira pré-monção (T2), mas significativamente melhor do que a sementeira no início da monção (T3). No primeiro ano e na média combinada, a pulverização de sementes antes da monção (T2) foi significativamente melhor do que a pulverização de sementes no início da monção (T3), enquanto no segundo ano, a pulverização de sementes antes da monção (T2) foi equivalente à pulverização de sementes no início da monção (T3).

O aumento médio do rendimento de grãos devido ao tratamento com o método Thomba, a técnica SRI, a adição de sementes antes da monção e a adição de sementes no início da monção foi de 1,01, 3,73, 10,64 e 17,43 por cento, respetivamente.

Efeito das fontes de fertilizantes

Os dados da Tabela 18 mostram que o rendimento de grãos de arroz foi significativamente influenciado pelas diferentes fontes de fertilizantes. Entre todas estas fontes, o tratamento com briquetes de ureia-DAP (F2) deu um maior rendimento de grãos, seguido por briquetes de ureia-suphala (F3), que foram equivalentes, mas significativamente melhores do que RDF (F1). O tratamento com briquetes de ureia-sufala (F3) e FTR (F1) foram equivalentes em ambos os anos e como uma média de grupo.

O aumento médio no rendimento de grãos devido ao uso de briquetes de ureia-DAP em comparação com briquetes de ureia-sulfala e o uso de RDF foi de 3,89 e 8,06 por cento, respetivamente.

Efeito de interação

Todos os efeitos de interação foram considerados insignificantes em termos de rendimento de grãos de arroz (q ha^{-1}), tanto para os dois anos como para a média do grupo.

4.4.2 Rendimento em palha (q ha)$^{-1}$

O rendimento médio da palha foi de 57,19 q ha^{-1} , 61,26 q ha^{-1} e 59,23 q ha^{-1} em 2009, 2010 e para a média do grupo.

Impacto dos métodos de cultivo

Os dados da Tabela 18 mostram que, em 2009, foi observado maior rendimento de palha para o arroz com o método de transplante (T1), seguido pelo método SRI (T5) e pelo método Thomba (T4), que foram equivalentes, mas significativamente melhores do que a pulverização de sementes antes da monção (T2) e a pulverização de sementes no início da monção (T3). No entanto, a técnica SRI (T5) e o método Thomba (T4) foram equivalentes à pulverização de sementes antes da monção (T2), mas significativamente melhores do que a pulverização de sementes no início da monção (T3), enquanto a pulverização de sementes antes da monção (T2) e a pulverização de sementes no início da monção (T3) foram equivalentes.

No segundo ano, entre os diferentes métodos de cultivo, o transplante (T1) deu um melhor rendimento de palha, seguido pelo método thomba (T4) e pela técnica SRI (T5), que foram equivalentes mas significativamente melhores do que a sementeira pré-monção (T2) e a sementeira no início da monção (T3). A sementeira antes da monção (T2) foi considerada equivalente à sementeira no início da monção (T3).

O exame dos dados relativos à média agrupada de dois anos revelou, para os diferentes métodos de estabelecimento das plantas por transplantação (T1), um máximo de palha

Tabela 18. Rendimento de grãos q ha^{-1} , rendimento de palha q ha^{-1} , rendimento orgânico q ha^{-1} e índice de colheita (%) de arroz sob a influência de diferentes tratamentos.

Tratamentos	Rendimento de grãos (q ha^{-1})			Rendimento em palha (q ha $)^{-1}$			Rendimento orgânico (q ha $)^{-1}$			Índice de colheita (%)	
	2009	2010	Média do grupo	2009	2010	Média do grupo	2009	2010	Média do grupo	2009	2010
Explorações agrícolas Métodos											
Transplante de Ti	50.2i	54.95	52.58	59.89	64.07	61.98	110.11	119.02	114.56	45.59	46.16
T2 sementeira pré-monção	45.8i	48.i8	46.99	55.69	58.85	57.27	101.49	107.03	104.26	45.10	44.98
T3-Diblando sementes no início do Monção	4i.50	45.33	43.42	52.39	56.57	54.48	93.89	101.90	97.89	44.19	44.46
Procedimento T4-Thomba	49.76	54.34	52.05	58.92	63.86	61.39	108.68	118.21	113.44	45.78	45.96
Técnica T5-SRI	48.92	52.32	50.62	59.08	62.95	61.02	108.00	115.28	111.64	45.28	45.36
S.E ±	i.i2	i.32	i.2i	1.31	1.23	1.26	2.30	2.45	2.36	-	-
C.D. a 5	3.66	4.32	3.95	4.26	4.00	4.11	7.50	7.97	7.70	-	-
Fontes de fertilizantes											
Fi-RDF	44.9i	49.i9	47.05	54.47	59.19	56.83	99.38	108.38	103.88	45.15	45.32
F2 substituição de briquetes de ureia-DAP	49.29	53.04	5i.i7	59.16	62.97	61.07	108.45	116.01	112.23	45.39	45.66
	47.53	50.84	49.i8	57.95	61.62	59.79	105.48	112.46	108.97	45.02	45.17
Substituição F3 para briquetes de ureia suphala											
S.E ±	0.98	0.99	0.97	0.94	0.97	0.95	1.83	1.93	1.86	-	-
C.D. a 5	2.88	2.92	2.85	2.78	2.87	2.81	5.39	5.69	5.50	-	-
Interação E.S. ± **efeito**											
	2.i8	2.2i	2.i6	2.10	2.17	2.12	4.08	4.31	4.16	-	-
C.D. a 5	N.S.	N.S.	N.S.	N.S.	N.S.	N.S.	N.S.	N.S.	N.S.	-	-
Média global	47.24	51.02	49.13	57.19	61.26	59.23	104.4	112.2	108.36	45.19	45.38

seguido pelo método Thomba (T4) e pela técnica SRI (T5), que foram igualmente mas significativamente melhores do que a pulverização de sementes antes da monção (T2) e a pulverização de sementes no início da monção (T3). No entanto, a técnica SRI (T5) foi considerada equivalente à pulverização de sementes antes da monção (T2), mas significativamente melhor do que a pulverização de sementes no início da monção (T3), enquanto a pulverização de sementes antes da monção (T2) foi considerada equivalente à pulverização de sementes no início da monção (T3).

O aumento do rendimento da palha quando se replanta em comparação com o método Thomba, a técnica SRI, a adição de sementes antes da monção e a adição de sementes no início da monção foi de 1,00, 1,55, 7,60 e 12,11 por cento, respetivamente.

Efeito das fontes de fertilizantes

Os dados apresentados no Quadro 18 mostram que o tratamento com briquetes de ureia-DAP (F2) deu um rendimento de palha significativamente mais elevado do que os briquetes de ureia-suphala (F3), seguido do FTR (F1). No entanto, no primeiro ano e no caso da média agrupada, o tratamento com briquetes de sufala com ureia (F3) proporcionou um rendimento de palha significativamente mais elevado do que o FTR (F1), enquanto no segundo ano, o tratamento com briquetes de sufala com ureia (F3) e o FTR (F1) foram iguais.

O aumento do rendimento da palha com briquetes de ureia-DAP em comparação com briquetes de ureia-sulfala e FTR foi de 2,10 e 6,95 por cento, respetivamente. **Efeito de interação**

Os efeitos de interação dos métodos de cultivo e das fontes de fertilizantes não atingiram significância para o rendimento da palha de arroz em ambos os anos e para a média agrupada dos dois anos.

4.4.3 Rendimento orgânico (q ha $)^{-1}$

O rendimento orgânico médio foi estabelecido em 104,4 q ha^{-1} , 112,2 q ha^{-1} e 108,36 q ha^{-1} para 2009, 2010 e para a média do grupo.

Impacto dos métodos de cultivo

Os dados do quadro 18 mostram que, no primeiro ano, foi observada uma melhor produção de arroz orgânico com o método de transplantação (T1), seguido do método Thomba (T4) e da técnica SRI (T5), que foram equivalentes mas significativamente melhores do que a sementeira antes da monção (T2) e a sementeira no início da monção (T3). No entanto, no primeiro ano, o método Thomba (T4) e a técnica SRI (T5) foram equivalentes à pulverização de sementes antes da monção (T2), mas significativamente melhores do que a pulverização de sementes no início da monção (T3). No caso da média agrupada, a técnica SRI (T5) foi equivalente à aplicação de sementes antes da monção (T2), mas significativamente melhor do que a aplicação de sementes no início da monção (T3). Do mesmo modo, verificou-se que a sementeira antes da monção (T2) era significativamente melhor do que a sementeira no início da monção (T3). No segundo ano e no caso da média agrupada, verificou-se que o arranque de sementes antes da monção (T2) era equivalente ao arranque de sementes no início da monção (T3).

Efeito das fontes de fertilizantes

Os dados (Tabela 18) indicam que, no primeiro ano de testes, o tratamento com briquetes de ureia DAP (F2) proporcionou um rendimento biológico mais elevado do que o tratamento com briquetes de ureia suphala (F3), seguido pelo FTR (F1). O tratamento com briquetes de suphala ureia (F3) proporcionou um rendimento biológico significativamente mais elevado do que o SRE (F1) no primeiro ano, enquanto os briquetes de suphala ureia (F3) e o SRE (F1) foram iguais no segundo ano e como uma média agrupada.

Efeito de interação

Os efeitos de interação entre os métodos de cultivo e as fontes de fertilizantes não atingiram significância para o rendimento do arroz biológico, quer para os dois anos, quer para a média agrupada.

4.4.4 Índice de colheita (%)

Os dados relativos ao índice de colheita não foram analisados estatisticamente, mas as conclusões foram tiradas com base nos valores médios apresentados no quadro 18. Em 2009 e 2010, registou-se um índice de colheita médio de 45,19% e 45,38%.

Impacto dos métodos de cultivo

O índice de colheita foi maior no primeiro ano com o método Thomba (T4), seguido do transplante (T1), da técnica SRI (T5), da adição de sementes antes da monção (T2) e da adição de sementes no início da monção (T3), No segundo ano, a taxa de colheita foi maior com o transplante (T1), seguido pelo método Thomba (T4), a técnica SRI (T5), a adição de sementes antes da monção (T2) e a adição de sementes no início da monção (T3).

Efeito das fontes de fertilizantes

A taxa de colheita mais elevada foi registada com briquetes de ureia-DAP (F2) com 45,39% e 45,66% em 2009 e 2010, respetivamente, seguido de FTR (F1) e briquetes de ureia-suphala (F3) em ambos os anos de ensaio.

4.5 Absorção de nutrientes

Foram registados o teor e a absorção dos principais nutrientes, nomeadamente o azoto, o fósforo e o potássio, nos grãos e na palha de arroz, bem como a absorção total pela planta na colheita.

4.5.1 Teor de azoto

Os dados relativos ao teor de azoto no grão e na palha (%) do arroz sob a influência dos diferentes tratamentos são apresentados nas secções seguintes.

4.5.1.1 Teor de azoto (%) no grão de arroz

Em 2009 e 2010, o teor médio de azoto no grão de arroz foi de 0,98% e

1,06%, respetivamente.

Impacto dos métodos de cultivo

Os dados do Quadro 19 mostram que o maior teor de azoto no grão de arroz foi registado no transplante (T1), seguido do método Thomba (T4) e da técnica SRI, que foram equivalentes mas significativamente melhores do que a aplicação de sementes antes da monção (T2) e a aplicação de sementes no início da monção (T3). No entanto, a técnica SRI foi equivalente à aplicação de sementes antes da monção (T2), mas significativamente melhor do que a aplicação de sementes no início da monção (T3). No entanto, no primeiro ano, a aplicação de sementes antes da monção (T2) foi significativamente melhor do que a aplicação de sementes no início da monção (T3), enquanto no segundo ano do ensaio, a aplicação de sementes antes da monção (T2) foi equivalente à aplicação de sementes no início da monção (T3).

Efeito das fontes de fertilizantes

No que diz respeito ao teor de azoto do grão de arroz, a percentagem máxima de azoto foi determinada do seguinte modo quando tratado com briquetes de ureia-DAP

Quadro 19: Teor de azoto (%) do grão e da palha de arroz sob a influência de diferentes factores.

Tratamentos

Tratamentos	Teor de azoto (%)			
	Cereais		Palha	
	2009	2010	2009	2010
Métodos de implantação das culturas				
Transplante de Ti	i.04	i.i4	0.42	0.45
Lua de pré-temporada T2	0.95	i.00	0.38	0.41
Mistura de sementes T3-Diblando sementes no início do Monção	0.86	0.94	0.36	0.39
Procedimento T4-Thomba	i.04	i.i3	0.4i	0.45
Técnica T5-SRI	i.02	i.09	0.4i	0.44
S.E ±	0.02	0.03	0.0i	0.01
C.D. a 5	0.08	0.09	0.04	0.03
Fontes de fertilizantes				
Fi-RDF	0.93	i.02	0.37	0.41

F2-substituição da ureia- Briquetes DAP F3 Substituição da ureia Briquetes de sufala	i.03 0.99	i.i0 i.06	0.4i 0.40	0.44 0.43
S.E ±	0.02	0.02	0.0i	0.01
C.D. a 5	0.06	0.06	0.02	0.02
Interação E.S. ± **efeito**	0.04	0.04	0.0i	0.01
C.D. a 5	N.S.	N.S.	N.S.	N.S.
Média global	0.98	1.06	0.40	0.43

com a adição de briquetes de suphala ureia, mas significativamente melhor do que o FTR. No entanto, os briquetes de suphala ureia foram considerados equivalentes ao FTR durante os dois anos do ensaio.

Efeito de interação

As interacções entre os métodos de cultivo e os fertilizantes não atingiram níveis de significância para o teor de azoto (%) no grão de arroz em nenhum dos anos.

4.5.1.2 Teor de azoto (%) na palha de arroz

O teor médio de azoto da palha de arroz foi de 0,40% e 0,43%, respetivamente.

2009 ou 2010.

Impacto dos métodos de cultivo

O teor de azoto da palha de arroz no primeiro ano foi significativamente influenciado pelos diferentes métodos de cultivo. O teor mais elevado de azoto na palha foi observado no transplante (T1), seguido do método Thomba (T4), da técnica SRI (T5) e da pulverização de sementes antes da monção (T2), todos eles equivalentes, mas significativamente melhores do que a pulverização de sementes no início da monção (T3). A pulverização de sementes antes da monção (T2) foi, no entanto, considerada equivalente à pulverização de sementes no início da monção (T3).

No segundo ano, o teor de azoto da palha de arroz foi significativamente influenciado pelos diferentes métodos de cultivo. O maior teor de nitrogênio na palha foi observado com o método de cultivo de transplante (T1), seguido pelo método Thomba (T4) e pela técnica SRI (T5), que foram equivalentes, mas significativamente melhores do que a pulverização de sementes antes da monção (T2) e a pulverização de sementes no início da monção (T3). No entanto, a técnica SRI (T5) foi equivalente à pulverização de sementes antes da monção (T2), mas significativamente melhor do que a pulverização de sementes no início da monção (T3). Da mesma forma, a pulverização de sementes antes da monção (T2) foi equivalente à pulverização de sementes no início da monção (T3).

Efeito das fontes de fertilizantes

O teor de azoto da palha foi significativamente influenciado pelas diferentes fontes de fertilizante. No primeiro ano, observou-se um teor de azoto mais elevado quando tratado com briquetes de ureia-DAP, seguido do tratamento com briquetes de ureia-Suphala, que eram equivalentes, mas significativamente superiores, à dose de fertilizante recomendada pelos fertilizantes simples.

No segundo ano, foi registada uma maior percentagem de azoto no tratamento com briquetes de ureia-DAP, que se revelou significativamente melhor do que o tratamento com briquetes de ureia-suphala e RDF. Os briquetes de sufala com ureia e o FTR foram iguais.

Efeito de interação

As interacções entre os métodos de cultivo e os fertilizantes não atingiram níveis de significância para o teor de azoto (%) na palha de arroz em nenhum dos anos.

4.5.2 Absorção de azoto (kg ha)$^{-1}$

4.5.2.1 Absorção de azoto pelos cereais (kg ha)$^{-1}$

Os dados sobre a absorção de azoto pelos grãos (kg ha^{-1}) são apresentados no Quadro 20 e na Figura 12. A absorção média de azoto pelo grão de arroz foi de 46,51 kg ha^{-1} e 54,71 kg ha^{-1} em 2009 e 2010.

Impacto dos métodos de cultivo

Os dados apresentados no Quadro 20 mostram que a absorção máxima de N no grão de arroz foi registada com o método de transplantação (T1), seguido do método Thomba (T4) e da técnica SRI, que foram equivalentes mas significativamente melhores do que a aplicação de sementes antes da monção (T2) e a aplicação de sementes no início da monção (T3). No entanto, a técnica SRI foi equivalente à aplicação de sementes antes da monção (T2), mas significativamente melhor do que a aplicação de sementes no início da monção (T3). No entanto, no primeiro ano, a sementeira antes da monção (T2) foi significativamente melhor do que a sementeira no início da monção (T3), enquanto no segundo ano, a sementeira antes da monção (T2) foi equivalente à sementeira no início da monção (T3).

Efeito das fontes de fertilizantes

No que diz respeito à absorção de azoto no grão de arroz, a absorção máxima de azoto foi registada no tratamento com briquetes de ureia-DAP, seguido do tratamento com briquetes de ureia-sulfala, que, no entanto, obteve resultados muito melhores do que o FTR. **Tabela 20. Absorção de azoto (kg ha^{-1}) pelo grão e pela palha e sua absorção total pelo arroz sob a influência de diferentes tratamentos**

Tratamentos	Absorção de azoto (kg ha)$^{-1}$					
	Cereais		Palha		Total	
	2009	2010	2009	2010	2009	2010
Métodos de implantação das culturas						
Transplante de Ti	52.68	63.00	30.22	34.57	82.89	97.56
Lua de pré-temporada T2	44.02	48.60	26.18	29.20	70.20	77.79
Dibulação das sementes T3-Dibulação das sementes no início da Monção	35.99	42.91	23.12	26.93	59.11	69.84
Procedimento T4-Thomba	51.78	61.73	29.31	34.41	81.08	96.14
Técnica T5-SRI	50.09	57.29	29.45	33.40	79.54	90.69
S.E ±	2.33	2.85	1.28	1.28	3.43	3.98
C.D. a 5	7.60	9.28	4.16	4.18	11.18	12.98
Fontes de fertilizantes						
F1-RDF	42.37	50.88	25.08	29.60	67.45	80.48
F2-substituição da ureia-	50.97	58.99	29.52	33.42	80.49	92.41

Briquetes DAP F3 Substituição da ureia Briquetes de sufala	47.39	54.24	28.37	32.08	75.76	86.32
S.E ±	1.94	2.11	0.91	1.01	2.75	3.08
C.D. a 5	5.73	6.23	2.68	2.97	8.11	9.08
Interação E.S. ± **efeito**	4.34	4.72	2.03	2.25	6.14	6.88
C.D. a 5	N.S.	N.S.	N.S.	N.S.	N.S.	N.S.
Média global	46.51	54.71	27.65	31.70	74.57	86.41

No entanto, a utilização de briquetes de suphala ureia foi considerada equivalente ao FTR durante os dois anos do ensaio.

Efeito de interação

As interacções entre os métodos de cultivo e as fontes de fertilizantes não atingiram o nível de significância no que diz respeito à absorção de azoto no grão de arroz em nenhum dos anos.

4.5.2.2 Absorção de azoto pela palha (kg ha)$^{-1}$

Os dados sobre a absorção de azoto pela palha são apresentados no Quadro 20. A absorção média de azoto pela palha foi de 27,65 kg ha^{-1} e 31,70 kg ha^{-1} em 2009 e 2010.

Impacto dos métodos de cultivo

A absorção de azoto na palha de arroz durante o primeiro ano foi notavelmente influenciada por diferentes métodos de cultivo. A maior absorção de N na palha foi registada com o método de transplante (T1), seguido pelo método SRI (T5), o método Thomba (T4) e a aplicação de sementes antes da monção (T2), que foram equivalentes mas significativamente melhores do que a aplicação de sementes no início da monção (T3). No entanto, no segundo ano, a maior absorção de N na palha foi registada na plantação (T1), seguida do método Thomba (T4) e da técnica SRI (T5), que foram equivalentes mas significativamente melhores do que a aplicação de sementes antes da monção (T2) e a aplicação de sementes no início da monção (T3). No entanto, a introdução de sementes antes da monção (T2) foi considerada equivalente à introdução de sementes no início da monção (T3) em ambos os anos de ensaio.

Efeito das fontes de fertilizantes

A absorção de azoto na palha foi significativamente influenciada pelas diferentes fontes de fertilizante. A absorção máxima de N foi registada quando foram aplicados briquetes de ureia-DAP, seguidos de briquetes de ureia-suphala, que foram equivalentes, mas significativamente melhores do que o FTR. No entanto, no segundo ano, a aplicação de briquetes de ureia-suphala foi equivalente ao FTR.

Efeito de interação

Os efeitos de interação entre os métodos de cultivo e as fontes de fertilizantes não atingiram significância no que diz respeito à absorção de azoto na palha de arroz em nenhum dos anos.

4.5.3 Absorção total de azoto (kg ha^{-1}) pelo arroz

Os dados sobre a absorção total de azoto pelas culturas de arroz são apresentados no Quadro 20 e graficamente na Figura 12. A absorção média total de azoto foi de 74,57 kg ha^{-1} e 86,41 kg ha^{-1} em 2009 e 2010, respetivamente.

Impacto dos métodos de cultivo

A absorção total de N no arroz foi significativamente influenciada pelos diferentes métodos de cultivo. A maior absorção total de N no arroz foi registada com o método de estabelecimento de plantas por transplante (T1), seguido do método Thomba (T4) e da técnica SRI (T5), que foram equivalentes mas significativamente melhores do que a pulverização de sementes antes da monção (T2) e a pulverização de sementes no início da monção (T3). No primeiro ano de ensaio, o método Thomba (T4), a técnica SRI (T5) e a aplicação de sementes antes da monção (T2) foram equivalentes mas significativamente melhores do que a aplicação de sementes no início da monção (T3). No segundo ano do ensaio, a técnica SRI (T5) foi equivalente à pulverização de sementes antes da monção (T2), mas significativamente melhor do que a pulverização de sementes no início da monção (T3). No entanto, a pulverização de sementes antes da monção (T2) foi equivalente à pulverização de sementes no início da monção (T3) em ambos os anos de ensaio.

Efeito das fontes de fertilizantes

A absorção total de azoto pelo arroz foi significativamente influenciada por diferentes fontes de fertilizantes. No primeiro ano do ensaio, a absorção total máxima de azoto foi registada quando o arroz foi tratado com briquetes de ureia-DAP, seguido do tratamento com briquetes de ureia-suphala, que foram equivalentes, mas significativamente melhores do que o FTR. No entanto, no segundo ano do ensaio, verificou-se que a utilização de briquetes de ureia-sulfala era equivalente ao FTR.

Efeito de interação

Os efeitos de interação entre os diferentes tratamentos revelaram-se insignificantes em ambos os anos.

4.5.4 Teor de fósforo

Os dados relativos ao teor de fósforo do grão e da palha de arroz (%) na cultura (kg ha^{-1}) sob a influência dos diferentes tratamentos são apresentados no quadro 21. **4.5.4.1 Teor de fósforo no grão (%)**

Em 2009 e 2010, o teor médio de fósforo dos cereais foi de 0,213% e 0,230%, respetivamente.

Impacto dos métodos de cultivo

Os dados apresentados na Tabela 21 mostram que o maior teor de fósforo no grão de arroz foi observado no transplante (T1), seguido pelo método Thomba (T4) e pela técnica SRI (T5), que foram equivalentes, mas significativamente melhores do que a pulverização de sementes antes da monção (T2) e a pulverização de sementes no início da monção (T3). No entanto, a técnica SRI (T5) foi equivalente à sementeira pré-monção (T2), mas significativamente melhor do que a sementeira no início da monção (T3). A sementeira antes da monção (T2) foi equivalente à sementeira no início da monção (T3) em ambos os anos de ensaio.

Efeito das fontes de fertilizantes

No que respeita ao teor de fósforo nos grãos de arroz, a proporção máxima de fósforo foi encontrada no tratamento com briquetes de ureia-DAP, seguido do tratamento com briquetes de ureia-Suphala, sendo o primeiro tratamento significativamente superior ao FTR. A contribuição dos briquetes de ureia-suphala foi, no entanto, equivalente à do FTR em ambos os anos de ensaio.

Efeito de interação

As interacções entre os métodos de cultivo e os fertilizantes não atingiram significância no que diz respeito ao teor de fósforo (%) no grão de arroz em nenhum dos anos.

4.5.4.2 Teor de fósforo da palha (%)

Em 2009 e 2010, o teor médio de fósforo na palha foi de 0,079% e 0,086%, respetivamente.

Quadro 21: Teor de fósforo (%) no grão e na palha de arroz sob a influência de diferentes tratamentos

Tratamentos	Teor de fósforo (%)			
	Cereais		Palha	
	2009	2010	2009	2010
Métodos de implantação das culturas				
Transplante de Ti	0.226	0.247	0.083	0.090
Lua de pré-temporada T2	0.206	0.2i7	0.076	0.082
Dibulação das sementes T3-Dibulação das sementes no início da Monção	0.i87	0.204	0.07i	0.078
Procedimento T4-Thomba	0.224	0.245	0.082	0.090
Técnica T5-SRI	0.220	0.235	0.082	0.088
S.E ±	0.005	0.006	0.002	0.002
C.D. a 5	0.0i6	0.0i9	0.007	0.007
Fontes de fertilizantes				
Fi-RDF	0.202	0.22i	0.074	0.082

F2-substituição da ureia-	0.222	0.239	0.082	0.088
Briquetes de DAP F3 Substituição dos briquetes de sufala por ureia	0.2i4	0.229	0.080	0.086
S.E ±	0.004	0.004	0.002	0.002
C.D. a 5	0.0i3	0.0i3	0.005	0.005
Interação E.S. ± **efeito**	0.009	0.009	0.003	0.003
C.D. a 5	N.S.	N.S.	N.S.	N.S.
Média global	0.213	0.230	0.079	0.086

Impacto dos métodos de cultivo

O teor de fósforo da palha de arroz foi significativamente influenciado pelos diferentes métodos de cultivo. No primeiro ano do ensaio, o teor mais elevado de fósforo na palha foi observado na altura da plantação (T1), seguido do método Thomba (T4) e do método SRI (T5), que foram equivalentes mas significativamente melhores do que a aplicação de sementes antes da monção (T2) e a aplicação de sementes no início da monção (T3). No primeiro ano, o método Thomba (T4) e a técnica SRI (T5) foram equivalentes à aplicação de sementes antes da monção (T2), mas significativamente melhores do que a aplicação de sementes no início da monção (T3). No segundo ano, a técnica SRI (T5) foi equivalente à sementeira pré-monção (T2), mas significativamente melhor do que a sementeira no início da monção (T3). A sementeira antes da monção (T2) foi equivalente à sementeira no início da monção (T3) em ambos os anos de ensaio.

Efeito das fontes de fertilizantes

O teor de fósforo da palha foi significativamente influenciado pelas diferentes fontes de fertilizante. Foi encontrado um teor de fósforo mais elevado no tratamento com briquetes de ureia-DAP, seguido do tratamento com briquetes de ureia-sulfala, que eram equivalentes mas significativamente melhores do que o FTR. No entanto, no segundo ano, os briquetes de ureia-suphala e o ASR foram iguais.

Efeito de interação

As interacções entre os métodos de cultivo e os fertilizantes não atingiram significância no que diz respeito ao teor de fósforo (%) na palha de arroz em nenhum dos anos.

4.5.5 Absorção de fósforo (kg ha)$^{-1}$

4.5.5.1 Absorção de fósforo pelos cereais (kg ha)$^{-1}$

Os dados apresentados no Quadro 22 e ilustrados na Figura 13 mostram que a absorção média de fósforo pelos cereais em 2009 e 2010 foi de 10,15 kg ha^{-1} e 11,84 kg ha^{-1} , respetivamente.

Impacto dos métodos de cultivo

A análise dos dados apresentados na Tabela 22 mostrou que a absorção máxima de fósforo no grão de arroz foi registada no transplante (T1), seguida do método Thomba (T4) e da técnica SRI (T5), que foram equivalentes mas significativamente melhores do que a sementeira pré-monção (T2) e a sementeira no início da monção (T3). No entanto, a técnica SRI (T5) foi equivalente à sementeira pré-monção (T2), mas significativamente melhor do que a sementeira no início da monção (T3). A sementeira antes da monção (T2) foi equivalente à sementeira no início da monção (T3) em ambos os anos de ensaio.

Efeito das fontes de fertilizantes

No que diz respeito à absorção de fósforo no grão de arroz, a absorção máxima de fósforo foi registada no tratamento com briquetes de ureia-DAP, seguido do tratamento com briquetes de ureia-suphala, que, no entanto, obteve resultados muito melhores do que o FTR. No entanto, a utilização de briquetes de ureia-suphala foi equivalente ao FTR em ambos os anos de ensaio.

Efeito de interação

Os efeitos da interação entre não atingiram significância no caso da absorção de fósforo pelos grãos de arroz em ambos os anos.

4.5.5.2 Absorção de fósforo pela palha (kg ha)$^{-1}$

A absorção média de fósforo pela palha foi de 6,30 kg ha^{-1} e 6,50 kg ha^{-1} em

2009 e 2010.

Impacto dos métodos de cultivo

A absorção de fósforo na palha de arroz durante o primeiro ano foi significativamente influenciada pelos diferentes métodos de cultivo. A absorção máxima de fósforo na palha foi registada com o método de transplante (T1), seguido do método SRI (T5), do método Thomba (T4) e da aplicação de sementes antes da monção (T2), que foram equivalentes mas significativamente melhores do que a aplicação de sementes no início da monção (T3). No segundo ano, a absorção máxima de fósforo na palha foi registada na plantação (T1), seguida do método Thomba (T4) e da técnica SRI (T5), que foram equivalentes, mas significativamente melhores do que o método da pré-monção (T3).

Tabela 22. Absorção de fósforo (kg ha^{-1}) pelo grão e pela palha e absorção total pelo arroz sob a influência de diferentes tratamentos.

Tratamentos	Absorção de fósforo (kg ha)$^{-1}$					
	Cereais		Palha		Total	
	2009	2010	2009	2010	2009	2010
Métodos de implantação das culturas						
Transplante de Ti	ii.40	13.63	6.01	6.87	17.40	20.50
T2 sementeira pré-monção	9.52	10.51	5.20	5.80	14.73	16.32
T3-Diblando sementes em início da monção	7.79	9.28	4.60	5.35	12.38	14.64
Método T4-Thomba	ii.20	13.36	5.83	6.84	17.03	20.20
Técnica T5-SRI	i0.84	12.39	5.85	6.64	16.69	19.03
S.E ±	0.50	0.62	0.25	0.26	0.72	0.84
C.D. a 5	i.64	2.01	0.83	0.83	2.35	2.74
Fontes de fertilizantes						
Fi-RDF	9.i7	11.01	4.99	5.88	14.15	16.89
F2-substituição de ureia-DAP Briquetes	ii.03	12.76	5.87	6.64	16.90	19.41
F3 substituição de ureia- Briquetes de sufala	i0.25	11.73	5.64	6.38	15.89	18.11
S.E ±	0.42	0.46	0.18	0.20	0.58	0.65
C.D. a 5	i.24	1.35	0.53	0.59	1.71	1.91
Interação E.S. ± **efeito**	0.93	1.02	0.40	0.44	1.29	1.45
C.D. a 5	N.S.	N.S.	N.S.	N.S.	N.S.	N.S.
Média global	10.15	11.84	6.30	6.50	15.65	18.14

O arranque de sementes antes da monção (T2) e o arranque de sementes no início da monção (T3). No entanto, em ambos os anos de ensaio, a mordedura de sementes antes da monção (T2) foi considerada equivalente à mordedura de sementes no início da monção (T3).

Efeito das fontes de fertilizantes

A absorção de fósforo na palha foi significativamente influenciada por diferentes fontes de fertilizantes. A absorção máxima de fósforo foi registada quando tratada com briquetes de ureia-DAP, seguida do tratamento com briquetes de ureia-suphala, que foram equivalentes, mas ambos foram significativamente superiores ao FTR. No entanto, no segundo ano, a utilização de briquetes de ureia-suphala foi equivalente ao FTR.

Efeito de interação

As interacções entre os métodos de cultivo e os fertilizantes não atingiram significância no que diz respeito à absorção de fósforo na palha de arroz durante os dois anos do ensaio.

4.5.6 Absorção total de fósforo (kg ha^{-1}) pelo arroz

Os dados sobre a absorção de fósforo total pelas plantas (kg ha^{-1}) são apresentados no Quadro 22. A absorção média de fósforo total pelas plantas foi de 15,65 kg ha^{-1} e 18,14 kg ha^{-1} em 2009 e 2010.

Impacto dos métodos de cultivo

A absorção total de fósforo no arroz foi significativamente influenciada pelos diferentes métodos de cultivo. A maior absorção total de fósforo no arroz foi registada com o método de estabelecimento de plantas por transplante (T1), seguido do método Thomba (T4) e do método SRI (T5), que foram equivalentes mas significativamente melhores do que a pulverização de sementes antes da monção (T2) e a pulverização de sementes no início da monção (T3). No primeiro ano do ensaio, o método Thomba (T4), a técnica SRI (T5) e a pulverização de sementes antes da monção (T2) foram equivalentes, mas significativamente melhores do que a pulverização de sementes antes da monção (T3). No segundo ano, a técnica SRI (T5) foi equivalente à aplicação de sementes antes da monção (T2), mas significativamente melhor do que a aplicação de sementes no início da monção (T3). No entanto, a aplicação de sementes antes da monção (T2) foi equivalente à aplicação de sementes no início da monção (T3) em ambos os anos de ensaio.

Efeito das fontes de fertilizantes

A absorção de fósforo total do arroz foi significativamente influenciada pelas diferentes fontes de fertilizantes. A absorção máxima de fósforo total foi registada no tratamento com briquetes de ureia-DAP, seguido pelo tratamento com briquetes de ureia-suphala, ambos equivalentes, mas ambos significativamente superiores ao FTR. No entanto, no segundo ano, a utilização de briquetes de ureia-suphala foi equivalente ao FTR.

Efeito de interação

A absorção total de fósforo não atingiu o nível de significância para o arroz em nenhum dos anos.

4.5.7 Teor de potássio

Os dados relativos ao teor de potássio dos grãos e da palha de arroz (%), de acordo com os diferentes tratamentos, são apresentados no quadro 23.

4.5.7.1 Teor de potássio dos cereais (%)

Em 2009 e 2010, o teor médio de potássio dos cereais foi de 0,33% e 0,35%, respetivamente.

Impacto dos métodos de cultivo

O teor de potássio no grão de arroz durante o primeiro ano foi significativamente influenciado pelos diferentes métodos de cultivo. O maior teor de potássio no grão foi observado no transplante (T1), seguido pelo método Thomba (T4) e pela técnica SRI (T5), que foram equivalentes mas significativamente melhores do que a aplicação de sementes antes da monção (T2) e a aplicação de sementes no início da monção (T3). No primeiro ano, o método Thomba (T4) e a técnica SRI (T5) foram equivalentes à aplicação de sementes antes da monção (T2), mas significativamente melhores do que a aplicação de sementes no início da monção (T3). No segundo ano, a técnica SRI (T5) foi equivalente à aplicação de sementes antes da monção (T2), mas significativamente melhor do que a aplicação de sementes no início da monção (T3). Aplicação de sementes antes da monção

Quadro 23: Teor de potássio (%) no grão e na palha de arroz sob a influência de diferentes tratamentos

Tratamentos	Teor de potássio (%)			
	Cereais		Palha	
	2009	2010	2009	2010
	0.35	0.38	1.08	1.17
Métodos de implantação das culturas Transplante de Ti	0.32	0.33	0.99	1.06
T2 sementeira pré-monção T3-Diblando sementes em o início da moncão	0.29	0.31	0.92	1.01
	0.34	0.37	1.06	1.17
	0.34	0.36	1.06	1.15
	0.01	0.01	0.03	0.03
Método T4-Thomba Técnica T5-SRI S.E ±	0.03	0.03	0.09	0.09
C.D. a 5				
Fontes de fertilizantes	0.31	0.34	1.07	1.02
F1-RDF				
F2 substituição de briquetes de ureia - DAP	0.34	0.37	1.15	1.11
F3 substituição de ureia- Briquetes de sufala	0.33	0.35	1.12	1.08
S.E ±	0.01	0.01	0.02	0.02
C.D. a 5	0.02	0.02	0.06	0.06
Interação E.S. ± **efeito**	0.01	0.01	0.047	0.046
C.D. a 5	N.S.	N.S.	N.S.	N.S.
Média global	0..33	0.35	1.11	1.07

(T2) foi equivalente à libertação das sementes no início da monção (T3) para os dois anos de ensaio.

Efeito das fontes de fertilizantes

Em termos de teor de potássio nos grãos de arroz, a maior proporção de potássio foi encontrada no tratamento com briquetes de ureia-DAP, seguido pelo tratamento com briquetes de ureia-sulfala, que, no entanto, teve um desempenho significativamente melhor do que o FTR. No entanto, a utilização de briquetes de ureia-suphala foi equivalente ao FTR em ambos os anos do ensaio.

Efeito de interação

Os efeitos da interação entre os diferentes métodos de cultivo e os fertilizantes não atingiram significância para o teor de potássio (%) no grão em nenhum dos anos.

4.5.7.2 Teor de potássio da palha (%)

Em 2009 e 2010, o teor médio de potássio na palha foi de 1,11% e 1,07%, respetivamente.

Impacto dos métodos de cultivo

O teor de potássio na palha de arroz durante o primeiro ano foi significativamente influenciado pelos diferentes métodos de cultivo. O maior teor de potássio na palha foi observado no transplante (T1), seguido pelo método Thomba (T4) e pela técnica SRI (T5), que foram equivalentes, mas significativamente melhores do que a aplicação de sementes antes da monção (T2) e a aplicação de sementes no início da monção (T3). No entanto, no primeiro ano, o método Thomba (T4) e a técnica SRI (T5) foram equivalentes à aplicação de sementes antes da monção (T2), mas significativamente melhores do que a aplicação de sementes no início da monção (T3). No segundo ano, a técnica SRI (T5) foi equivalente à aplicação de sementes antes da monção (T2), mas significativamente melhor do que a aplicação de sementes no início da monção (T3). A aplicação de sementes antes da monção (T2) foi equivalente à aplicação de sementes no início da monção (T3) em ambos os anos de ensaio.

Efeito das fontes de fertilizantes

O teor de potássio da palha foi significativamente influenciado pelas diferentes fontes de fertilizante. Foi encontrado um teor de potássio mais elevado no tratamento com briquetes de ureia-DAP, seguido do tratamento com briquetes de ureia-sulfala, que eram equivalentes mas significativamente melhores do que o FTR. No entanto, no segundo ano, os briquetes de ureia-suphala e o FTR foram iguais.

Efeito de interação

Os efeitos de interação entre os diferentes métodos de cultivo e os fertilizantes não atingiram significância para o teor de potássio (%) na palha em nenhum dos anos.

4.5.8 Absorção de potássio (kg ha $)^{-1}$

4.5.8.1 Absorção de potássio pelos cereais (kg ha $)^{-1}$

Os dados sobre a absorção de potássio pelos cereais (kg ha^{-1}) são apresentados no Quadro 24 e ilustrados graficamente na Figura 14. A absorção média de potássio pelos cereais foi de 15,56 kg ha^{-1} e 18,15 kg ha^{-1} em 2009 e 2010.

Impacto dos métodos de cultivo

A absorção de potássio no grão de arroz foi significativamente influenciada por diferentes métodos de cultivo. A absorção de potássio no grão foi registada pelo método de plantação (T1), seguido do método Thomba (T4) e da técnica SRI (T5), que foram equivalentes mas significativamente melhores do que a pulverização de sementes antes da monção (T2) e a pulverização de sementes no início da monção (T3). No entanto, a técnica SRI (T5) foi equivalente à pulverização de sementes antes da monção (T2), mas significativamente melhor do que a pulverização de sementes no início da monção (T3). Da mesma forma, no primeiro ano, a sementeira antes da monção (T2) foi superior à sementeira no início da monção (T3). No segundo ano do ensaio, a sementeira antes da monção (T2) foi superior à sementeira no início da monção (T3).

Efeito das fontes de fertilizantes

No que diz respeito à absorção de potássio no grão de arroz, a absorção máxima de potássio foi registada no tratamento com briquetes de ureia-DAP, seguido do tratamento com briquetes de ureia-sulfala, que, no entanto, teve um desempenho muito melhor do que o FTR. No entanto, a utilização de briquetes de ureia-suphala foi equivalente ao FTR em ambos os anos de ensaio.

Efeito de interação

Os efeitos de interação não foram significativos no caso da absorção de potássio pelos cereais durante os dois anos do ensaio.

4.5.8.2 Absorção de potássio pela palha (kg ha)$^{-1}$

Os dados do Quadro 24 mostram que, em 2009 e 2010, a absorção média de potássio pela palha foi de 71,44 kg ha^{-1} e 81,89 kg ha^{-1} , respetivamente. **Efeito das práticas agrícolas**

A absorção de potássio na palha de arroz foi significativamente influenciada por

diferentes métodos de cultivo. No primeiro ano, o teor máximo de potássio

Tabela 24. Absorção de potássio (kg ha^{-1}) pelo grão e pela palha e sua absorção total pelo arroz sob a influência de diferentes tratamentos.

Tratamentos	Absorção de potássio (kg ha)$^{-1}$					
	Cereais		Palha		Total	
	2009	2010	2009	2010	2009	2010
Métodos de implantação das culturas						
Transplante de Ti	17.47	20.90	78.06	89.30	95.54	110.20
T2 sementeira pré-monção	14.60	16.12	67.63	75.43	82.23	91.55
T3-Diblando sementes no início da estação das monções	11.94	14.23	59.73	69.56	71.66	83.80
Procedimento T4-Thomba	17.18	20.48	75.71	88.89	92.88	109.37
Técnica T5-SRI	16.62	19.01	76.07	86.28	92.68	105.28
S.E ±	0.77	0.94	3.30	3.31	3.93	4.13
C.D. a 5	2.52	3.08	10.75	10.81	12.83	13.48
Fontes de fertilizantes						
F1-RDF	14.06	16.88	64.78	76.46	78.84	93.34
F2 substituição de briquetes de ureia-DAP	16.91	19.57	76.25	86.33	93.16	105.90
Substituição F3 para briquetes de ureia suphala	15.72	17.99	73.28	82.88	89.00	100.88
S.E ±	0.64	0.70	2.35	2.60	2.91	3.27
C.D. a 5	1.90	2.07	6.92	7.68	8.58	9.65
Interação E.S. ± **efeito**	1.44	1.56	5.24	5.82	6.50	7.31
C.D. a 5	N.S.	N.S.	N.S.	N.S.	N.S.	N.S.
Média global	15.56	18.15	71.44	81.89	87.00	100.04

A maior absorção de potássio na palha foi observada no transplante (T1), seguida do método SRI (T5), do método Thomba (T4) e da aplicação de sementes antes da monção (T2), que foram equivalentes, mas significativamente melhores do que a aplicação de sementes no início da monção (T3). No segundo ano, a maior absorção de potássio na palha foi registada na plantação (T1), seguida do método Thomba (T4) e da técnica SRI (T5), que foram equivalentes, mas significativamente melhores do que a aplicação de sementes antes da monção (T2) e a aplicação de sementes no início da monção (T3). No entanto, a aplicação de sementes antes da monção (T2) foi considerada equivalente à aplicação de sementes no início da monção (T3) em ambos os anos de ensaio.

Efeito das fontes de fertilizantes

A absorção de potássio na palha foi significativamente influenciada pelas diferentes fontes de fertilizantes. A absorção máxima de potássio foi registada no tratamento com briquetes de ureia-DAP, seguido do tratamento com briquetes de ureia-suphala, que foi, no entanto, significativamente melhor do que o FTR. No entanto, a aplicação de briquetes de ureia-suphala foi equivalente ao FTR em ambos os anos de ensaio. **Efeito de interação**

As interacções entre os métodos de cultivo e as fontes de fertilizantes não atingiram o nível de significância da absorção de potássio na palha de arroz em nenhum dos anos.

4.5.9 Absorção total de potássio (kg ha^{-1}) pelo arroz

Os dados sobre a absorção total de potássio pela cultura (kg ha^{-1}) são apresentados no Quadro 24 e na Figura 14. A média de absorção de potássio pelo arroz foi de 87,00 kg ha^{-1} e 100,04 kg ha^{-1} em 2009 e 2010. **Efeito dos métodos de cultivo**

No primeiro ano, a absorção total de potássio no arroz foi significativamente influenciada pelos diferentes métodos de cultivo. A maior absorção total de potássio no arroz foi registada com o método de cultivo de plantas (T1), seguido do método Thomba (T4) e da técnica SRI (T5), que foram equivalentes, mas significativamente melhores do que a aplicação de sementes antes da monção (T2) e a aplicação de sementes no início da monção (T3). No entanto, no primeiro ano, o método Thomba (T4), a técnica SRI (T5) e a aplicação de sementes antes da monção (T2) foram equivalentes, mas significativamente melhores do que a aplicação de sementes antes da monção (T3). A pulverização de sementes antes da monção (T2) também foi considerada equivalente à pulverização de sementes no início da monção (T3) em ambos os anos de ensaio.

Efeito das fontes de fertilizantes

A absorção total de potássio pelo arroz foi significativamente influenciada por diferentes fontes de fertilizantes. A absorção máxima de potássio total foi registada no tratamento com briquetes de ureia-DAP, seguido do tratamento com briquetes de ureia-suphala, que foram equivalentes mas significativamente melhores do que o FTR. No entanto, no segundo ano, a utilização de briquetes de ureia-sulfala foi considerada equivalente ao FTR.

Efeito de interação

A absorção total de potássio não atingiu o nível de significância para o arroz em nenhum dos anos.

4.6 Estudos de qualidade

4.6.1 Teor de proteínas (%) nos cereais

Os dados do Quadro 25 mostram que o teor médio de proteínas do grão de arroz foi de 6,14% e 6,63% em 2009 e 2010, respetivamente.

Impacto dos métodos de cultivo

Os dados apresentados na Tabela 25 mostram que, no primeiro ano, o maior teor de proteína no grão de arroz foi registado no transplante (T1), seguido pelo método Thomba (T4) e pela técnica SRI, que foram equivalentes mas significativamente melhores do que a aplicação de sementes antes da monção (T2) e a aplicação de sementes no início da monção (T3). No entanto, a técnica SRI foi equivalente à aplicação de sementes antes da monção (T2), mas significativamente melhor do que a aplicação de sementes no início da monção (T3). No entanto, no primeiro ano, a aplicação de sementes antes da monção (T2) foi significativamente melhor do que a aplicação de sementes no início da monção (T3). No segundo ano do ensaio, a sementeira antes da monção (T2) foi equivalente à sementeira no início da monção (T3).

Quadro 25: Teor de proteínas (%) no grão e na palha de arroz sob a influência de diferentes tratamentos

Tratamentos	Teor de proteínas (%)			
	Cereais		Palha	
	2009	2010	2009	2010
Métodos de implantação das culturas				
Transplante de Ti	6.53	7.14	2.62	2.84
T2 pré-mussão Dibbling de sementes	5.95	6.26	2.40	2.56
T3-Diblando sementes em o início da monção	5.40	5.89	2.23	2.44
Procedimento T4-Thomba	6.4	7.06	2.57	2.83
Técnica T5-SRI	6.3	6.80	2.58	2.78
S.E ±	0.1	0.17	0.07	0.06
C.D. a 5	0.48	0.56	0.22	0.21
Fontes de fertilizantes				
F1-RDF	5.84	6.39	2.33	2.58
F2-substituição da ureia-Briquetes DAP	6.41	6.90	2.58	2.78
F3 Substituição da ureia Briquetes de sufala	6.18	6.61	2.52	2.71
S.E ±	0.1	0.13	0.05	0.05
C.D. a 5	0.37	0.38	0.15	0.15
Interação E.S. ± **efeito**	0.28	0.28	0.11	0.11
C.D. a 5	N.S	N.S.	N.S.	N.S.
Média global	6.1	6.63	2.48	2.69

Efeito das fontes de fertilizantes

Em termos de teor de proteína no grão de arroz, a percentagem mais elevada de proteína foi registada no tratamento com briquetes de ureia-DAP, seguido do tratamento com briquetes de ureia-suphala, e ambos os tratamentos foram significativamente superiores ao FTR. No entanto, a utilização de briquetes de ureia-sufala foi considerada equivalente ao FTR em ambos os anos de ensaio.

Efeito de interação

As interacções entre os diferentes tratamentos não atingiram o nível de significância do teor de proteínas (%) no grão de arroz durante os dois anos do ensaio.

4.6.2 Teor de proteínas (%) na palha de arroz

Em 2009 e 2010, o teor médio de proteínas da palha de arroz foi de 2,48% e 2,69%, respetivamente.

Impacto dos métodos de cultivo

O teor de proteína da palha de arroz foi significativamente influenciado pelos diferentes métodos de cultivo. No primeiro ano, o maior teor de proteína na palha foi observado no plantio (T1), seguido pelo método Thomba (T4), a técnica SRI (T5) e a aplicação de sementes antes da monção (T2), que foram equivalentes, mas significativamente melhores do que a aplicação de sementes no início da monção (T3). No entanto, no segundo ano, o maior teor de proteína na palha foi observado no plantio (T1), seguido pelo método Thomba (T4) e pela técnica SRI (T5), que foram equivalentes, mas significativamente melhores do que a aplicação de sementes antes da monção (T2) e a aplicação de sementes no início da monção (T3). No entanto, a aplicação de sementes antes da monção (T2) foi considerada equivalente à aplicação de sementes no início da monção (T3) em ambos os anos de ensaio.

Efeito das fontes de fertilizantes

O teor de proteínas da palha foi significativamente influenciado pelas diferentes fontes de fertilizante. Verificou-se um teor de proteínas mais elevado no tratamento com briquetes de ureia-DAP, seguido do tratamento com briquetes de ureia-sufala, ambos equivalentes, mas ambos significativamente superiores ao FTR. No entanto, no segundo ano, os briquetes de ureia-sufala e o FTR eram iguais.

Efeito de interação

As interacções entre os diferentes tratamentos não atingiram o nível de significância do teor de proteínas (%) na palha de arroz em nenhum dos anos. **4.7 Estado nutricional do solo**

1.1.1 Azoto disponível (kg ha)$^{-1}$

Os dados sobre o azoto disponível de acordo com os diferentes tratamentos são apresentados no quadro 26. A média do azoto disponível no solo após a colheita das culturas experimentais foi de 319,96 kg ha^{-1} e 326,63 kg ha^{-1} em 2009 e 2010. Os dados mostram claramente que o azoto disponível aumentou ligeiramente após a colheita das culturas de arroz.

Impacto dos métodos de cultivo

A disponibilidade de N no solo após a colheita do arroz foi mais elevada quando a cultura foi estabelecida através da sementeira de sementes no início da monção (T3), que foi significativamente mais elevada do que a sementeira antes da monção (T2), a técnica SRI (T5), o método Thomba (T4) e o transplante (T1), por esta ordem decrescente. No primeiro ano, no entanto, o método Thomba e a técnica SRI permaneceram iguais.

Efeito das fontes de fertilizantes

A aplicação de briquetes de ureia-DAP aumentou o estado do azoto disponível no solo, seguido de briquetes de ureia-sufala, que foram equivalentes, mas significativamente melhores do que o CDR. Os briquetes de ureia-sufala e o FTR também foram equivalentes em ambos os anos de ensaio.

Efeito de interação

As interacções entre os diferentes métodos de cultivo e os fertilizantes não foram significativas no que diz respeito ao estado do azoto disponível no solo.

1.1.2 Fósforo disponível (P2O5 kg ha)$^{-1}$

Os dados sobre o fósforo disponível de acordo com os diferentes tratamentos são apresentados na Tabela 26. O teor médio de P disponível no solo após a colheita da planta experimental foi de 15,65 kg ha^{-1} e 16,84 kg ha^{-1} em 2009 e 2010. Verificou-se um ligeiro aumento do P disponível após a colheita da cultura.

Tabela 26. N, P e K disponíveis (kg ha^{-1}) no solo sob a influência de diferentes tratamentos

Tratamentos	N disponível (kg ha)$^{-1}$		P disponível (kg ha)$^{-1}$		K disponível (kg ha)$^{-1}$	
	2009	2010	2009	2010	2009	2010
Métodos de implantação das culturas						
Transplante de Ti	313.31	320.81	14.83	15.83	283.75	290.03
T2 sementeira pré-monção	323.19	331.23	15.99	17.54	293.58	297.03
T3-Diblando sementes no início da estação das monções	332.54	335.19	17.11	18.39	301.67	303.07
Procedimento T4-Thomba	314.73	321.17	15.10	15.97	286.42	290.59
Técnica T5-SRI	316.02	324.75	15.24	16.47	285.86	293.74
S.E ±	2.82	3.03	0.32	0.37	2.78	3.12
C.D. a 5	9.19	9.87	1.04	1.21	9.06	10.18
Fontes de fertilizantes						
F1-RDF	320.00	327.39	16.12	17.20	300.36	303.55
F2 substituição de briquetes de ureia - DAP	321.43	328.76	16.72	17.86	276.56	281.56
Substituição F3 para briquetes de ureia suphala	318.44	323.75	14.11	15.47	293.84	299.57
S.E ±	2.23	2.56	0.27	0.28	2.42	2.45
C.D. a 5	N.S.	N.S.	0.78	0.83	7.14	7.23
Interação E.S. ± **efeito**	4.99	5.71	0.59	0.63	5.41	5.47
C.D. a 5	N.S.	N.S.	N.S.	N.S.	N.S.	N.S.
Média global	319.96	326.63	15.65	16.84	290.25	294.89

Impacto dos métodos de cultivo

O valor de P disponível no solo após a colheita do arroz foi mais elevado quando a cultura foi estabelecida através da sementeira no início da monção (T3), que, nesta ordem decrescente, foi significativamente melhor do que a sementeira antes da monção (T2), a técnica SRI (T5), o método Thomba (T4) e o transplante (T1). No entanto, no primeiro ano, o método Thomba e a técnica SRI foram iguais. **Efeito das fontes de fertilizantes**

A utilização de briquetes de ureia-DAP aumentou significativamente o fósforo disponível, seguido do FTR e dos briquetes de ureia-sulfala, por ordem decrescente de importância. Os tratamentos com FTR e briquetes de ureia-sulfala foram equivalentes durante os dois anos do ensaio.

Efeito de interação

Nenhum dos efeitos de interação foi significativo em termos de fósforo disponível no solo.

1.1.3 Potássio disponível (K2O kg ha $)^{-1}$

Os dados do Quadro 26 mostram que, em 2009 e 2010, o potássio disponível foi de 290,25 kg ha^{-1} e 294,89 kg ha^{-1} , respetivamente.

Impacto dos métodos de cultivo

No primeiro ano, o potássio disponível no solo após a colheita do arroz foi mais elevado quando a cultura foi estabelecida através da sementeira de sementes no início da monção (T3), que foi significativamente superior à sementeira de sementes antes da monção (T2), ao método Thomba (T4), à técnica SRI (T5) e à transplantação (T1), por esta ordem decrescente. No primeiro ano, contudo, o método Thomba e a técnica SRI permaneceram iguais.

Efeito das fontes de fertilizantes

O FTR registou o máximo de potássio disponível, seguido do tratamento com briquetes de suphala ureia, que foram equivalentes mas deram resultados muito melhores do que o tratamento com briquetes de ureia DAP durante os dois anos do ensaio. **Efeito de interação**

Nenhuma das interacções foi significativa.

4.8 Equilíbrio dos nutrientes disponíveis no solo

4.8.1 Equilíbrio do azoto disponível no solo

Os dados relativos ao balanço do azoto disponível no solo após duas

Quadro 27: Balanço do azoto disponível no solo após dois anos de cultivo de arroz sob a influência de diferentes tratamentos

Tratamentos	N inicial disponível no solo kg ha-1	Contribuição de N por fertilizantes em 2 anos	N disponível total kg ha 1-	Extração de azoto pelas plantas em 2 anos	Saldo de reserva disponível atualizado de N	Saldo real de N disponível no solo após 2 anos	Ganho ou perda calculado em N disponível	Balanço líquido de N disponível no solo após 2 anos 9 (7-2)
1	2	3	4	5	6 (4-5)	7	8 (7-6)	
Métodos de implantação das culturas								
Transplante de Ti	3i6.29	143.1	459.39	180.45	278.94	320.81	41.87	4.52
	3i6.29	143.1	459.39	147.99	311.4	331.23	19.83	14.94
T2 sementeira pré-monção								
T3-Diblando sementes em o início da monção	3i6.29	143.1	459.39	128.95	330.44	335.19	4.75	18.90
Procedimento T4-Thomba	3i6.29	143.1	459.39	177.22	282.17	321.17	39.00	4.88
Técnica T5-SRI	3i6.29	143.1	459.39	170.23	289.16	324.75	35.59	8.46
Fontes de fertilizantes								
Fi-RDF	3i6.29	240	556.29	147.93	408.36	327.39	-80.97	11.10
F2-substituição da ureia- Briquetes DAP F3 Substituição da ureia	3i6.29	95.94	412.23	172.9	239.33	328.76	89.43	12.47
Briquetes de sufala	3i6.29	93.38	409.67	162.08	247.59	323.75	76.16	7.46
Média global	316.29	143.10	459.39	160.96	298.42	326.63	28.20	10.34

em função dos métodos de cultivo e dos fertilizantes são apresentados no quadro 27.

Após dois anos de cultivo de arroz, o aumento médio calculado do N disponível no solo foi de 28,20 kg ha^{-1}, enquanto a melhoria do balanço líquido do N disponível no solo foi de 10,34 kg ha^{-1}.

Impacto dos métodos de cultivo

O aumento calculado do N disponível após dois anos mostrou um balanço positivo de N para os tratamentos de transplante, método Thomba e técnica SRI. No entanto, a aplicação de sementes antes da monção e a aplicação de sementes no início da monção apresentaram um balanço negativo de N.

O balanço líquido do azoto disponível no solo era positivo ao fim de dois anos para todos os métodos de cultivo, sendo mais elevado para o tratamento semeado no início da monção.

Efeito das fontes de fertilizantes

A utilização de briquetes de ureia DAP e de briquetes de ureia suphala resultou num aumento do azoto disponível calculado no solo. No entanto, houve uma perda de azoto disponível calculado no solo devido à instalação do forno de tambor.

O balanço líquido de N disponível no solo foi positivo após dois anos para todos os fertilizantes. No entanto, os briquetes de ureia-DAP apresentaram o maior balanço líquido de N disponível no solo, seguidos pelos briquetes de FTR e ureia-Suphala.

4.8.2 Fósforo disponível no solo

Os dados relativos ao balanço do fósforo disponível no solo após dois anos de cultivo de arroz, em função dos métodos de cultivo e dos fertilizantes, são apresentados no quadro 28.

Após dois anos de cultivo de arroz, a perda média calculada de P disponível no solo foi de -39,40 kg ha^{-1} , enquanto a melhoria no balanço líquido de P disponível no solo foi de 3,39 kg ha^{-1} .

Impacto dos métodos de cultivo

A perda calculada de P disponível após dois anos mostrou um balanço negativo de P para os diferentes métodos de cultivo, e a maior perda calculada de P disponível foi registada para o tratamento com sementeira no início da monção, seguido da sementeira antes da monção.

O balanço líquido de P disponível no solo foi positivo após dois anos para todos os métodos de cultivo e mais elevado para o tratamento de sementeira no início da monção.

Efeito das fontes de fertilizantes

O teor calculado de P disponível no solo diminuiu devido à utilização de diferentes fertilizantes. No entanto, a maior perda de P disponível calculado no solo deveu-se ao forno de tambor.

O balanço líquido de P no solo foi positivo para todos os fertilizantes após dois anos. No entanto, os briquetes de ureia-DAP apresentaram o balanço líquido de P no solo mais elevado.

4.8.3 Equilíbrio do potássio disponível no solo

Os dados sobre o balanço de potássio disponível no solo após dois anos de cultivo de arroz, sob a influência de métodos de cultivo e fontes de fertilizantes, são apresentados no Quadro 29.

Após dois anos de cultivo de arroz, o aumento médio calculado do K disponível no solo foi de 146,83 kg ha^{-1} , enquanto a melhoria do balanço líquido do K disponível no solo foi de 10,17 kg ha^{-1} .

Tratamentos 1	P disponível inicial no solo kg ha-1 2	Adição de P por fertilizante em 2 anos 3	P disponível total kg ha^{-1} 4	Eliminação de P pelas plantas em 2 anos 5	Saldo previsto de P 6 (4-5)	Saldo real de P disponível no solo após 2 anos 7	Ganho ou perda de P disponível calculado 8 (7-6)	Balanço líquido do solo disponível após 2 anos 9 (7-2)
Métodos de implantação das culturas								
Transplante de Ti Pré-mousson T2	13.45	76.58	90.03	37.9	52.13	15.83	-36.30	2.38
Semente de dibbel T3-Seed dibbel	13.45	76.58	90.03	31.05	58.98	17.54	-41.44	4.09
Sementes no início de Monsun *T4-Thomba*	13.45	76.58	90.03	27.02	63.01	13.39	-44.62	4.94
Método	13.45	76.58	90.03	37.23	52.8	15.97	-36.83	2.52
Técnica T5-SRI	13.45	76.58	90.03	35.72	54.31	16.47	-37.84	3.02
Fontes de fertilizantes								
Fi-RDF	13.45	120	133.45	31.04	102.41	17.20	-85.21	3.75
Mover F2 de	13.45	64.08	77.53	36.31	41.22	17.86	-23.36	4.41
Briquetes de ureia-DAP F3 substituição de	13.45	45.66	59.11	34	25.11	15.47	-9.64	2.02
Briquetes de ureia Suphala								
Média global	13.45	76.58	90.03	33.78	56.24	16.84	-39.40	3.39

Tabela 28: Balanço de fósforo disponível no solo após dois anos de cultivo de arroz sob a influência de diferentes tratamentos

Impacto dos métodos de cultivo

O aumento calculado do K disponível após dois anos mostrou um balanço positivo de K para todos os métodos de cultivo. O método de transplante registou o maior aumento calculado de K disponível.

O balanço líquido de K disponível no solo era positivo ao fim de dois anos para todos os métodos de cultivo, sendo mais elevado para o tratamento semeado no início da monção.

Efeito das fontes de fertilizantes

O balanço do K disponível no solo calculado após dois anos foi positivo para todos os fertilizantes. A aplicação de briquetes de ureia ECD e suphala resultou num aumento do K líquido disponível no solo. No entanto, os briquetes de ureia DAP resultaram numa perda de K disponível no solo.

4.9 Economia da cultura do arroz

4.9.1 Receita bruta

Os dados do Quadro 30 mostram que os rendimentos brutos médios são de Rs. 56774,18 ha^{-1} , Rs. 61252,30 ha^{-1} e Rs. 59013,20 ha^{-1} em 2009, 2010 e a média do grupo, respetivamente.

Impacto dos métodos de cultivo

Uma análise da Tabela 30 mostra que o método de transplante aumentou significativamente o rendimento bruto (Rs. 60447.56 ha^{-1} , Rs. 65847.00 ha^{-1} e Rs. 63147.33 ha^{-1}) em comparação com os outros tratamentos, *nomeadamente,* o método Thomba (Rs. 59630.44 ha^{-1} , Rs. 65162.89 ha^{-1} e Rs. 62396.67 ha^{-1}), a técnica SRI (Rs. 58723.33 ha^{-1} , Rs. 62852.22 ha^{-1} e Rs. 60787.78 ha^{-1}), aplicação de sementes antes da monção (Rs. 54956.00 ha^{-1} , Rs. 57878.44 ha^{-1} e Rs. 56417.22 ha^{-1}) e aplicação de sementes no início da monção (Rs. 50113.56 ha^{-1} ,

Tabela 29: Balanço de potássio disponível no solo após dois anos de cultivo de arroz sob a influência de diferentes tratamentos

Tratamentos	K inicial disponível no solo kg ha-1	Fornecimento de K por fertilizante em 2 anos	K disponível total kg ha^{-1}	Eliminação do K pelas plantas em 2 anos	Saldo previsto ce K	Saldo sol-K efetivamente disponível após 2 anos	Cálculo do ganho ou perda de K	Balanço líquido do carbono do solo disponível após 2 anos 9 (7-2)
1	2	3	4	5	6 (4-5)	7	8 (7-6)	
Métodos de implantação das culturas								
Transplante de Ti Pré-mousson T2	284.72	50.38	335.i	205.74	129.36	290.02	160.66	5.30
Dibulação de sementes T3-Dibulação de	284.72	50.38	335.i	173.78	161.32	297.03	135.71	12.31
Sementes no início do Monção *T4-Thomba*	284.72	50.38	335.i	155.46	179.64	303.06	123.42	18.34
Método	284.72	50.38	335.i	202.25	132.85	290.59	157.74	5.87
Técnica T5-SRI	284.72	50.38	335.i	197.96	137.14	293.74	156.60	9.02
Fontes de fertilizantes								
Fi-RDF	284.72	i20	404.72	172.18	232.54	303.54	71.00	18.82
Mover F2 de	284.72	0	284.72	199.06	85.66	281.55	195.89	-3.16
Briquetes de ureia-DAP F3 substituição de Briquetes de ureia Suphala	284.72	3i.i4	3i5.86	189.88	125.98	299.57	173.59	14.85
Média global	284.72	50.38	335.1	187.03	148.06	294.89	146.83	10.17

Rs. 54520.89 ha^{-1} e Rs. 52317.22 ha^{-1}) por ordem decrescente de importância em 2009, 2010 e a média do grupo, respetivamente.

Efeito das fontes de fertilizantes

O rendimento bruto foi significativamente maior com a aplicação de briquetes de ureia DAP (Rs. 59132.80 ha^{-1} , Rs. 63643.93 ha^{-1} e Rs. 61388.37 ha^{-1}) do que com os outros tratamentos, *ou seja,* briquetes de ureia suphala (Rs. 57209.07 ha^{-1} , Rs. 61084.80 ha^{-1} e Rs. 59146.93 ha^{-1}) e RDF (Rs. 53980.67 ha^{-1} , Rs. 59028.20 ha^{-1} e Rs. 56504.43 ha^{-1}) em 2009, 2010 e na média do grupo, respetivamente.

Efeito de interação

O efeito de interação não foi significativo.

4.9.2 Custo de cultivo

Os dados apresentados no quadro 30 mostram que os custos médios de cultivo em 2009, 2010 e como média agrupada foram, respetivamente, Rs 38646,20 ha^{-1} , Rs 46645,40 ha^{-1} e Rs 42645,80 ha^{-1} .

Impacto dos métodos de cultivo

Uma olhada na Tabela 30 mostra que os custos de cultivo foram mais altos com a técnica SRI (Rs. 41520.11 ha^{-1} , Rs. 49666.44 ha^{-1} e Rs. 45593.28 ha^{-1}), seguido pelos tratamentos *viz*, o método Thomba (Rs. 40174.44 ha^{-1} , Rs. 49097.00 ha^{-1} e Rs. 44635.72 ha^{-1}), transplante (Rs. 39677.11 ha^{-1} , Rs. 48388.33 ha^{-1} Rs. 44032.72 ha^{-1}), pulverização de sementes antes da monção (Rs. 36653.33 ha^{-1} , Rs. 43317.67 ha^{-1} e Rs. 39985.50) e pulverização de sementes no início da monção (Rs. 35206.44 ha^{-1} , Rs. 42758.00 ha^{-1} e Rs. 38982.22 ha^{-1}) nesta ordem decrescente de importância em 2009, 2010 e no caso da média agrupada, respetivamente.

Tratamentos	Receita bruta (Rs ha)[-1]			Custo de cultivo (Rs ha)[-1]			Receita líquida (Rs ha)[-1]			Rácio B : C		
	2009	2010	Média do grupo	2009	2010	Média do grupo	2009	2010	Média do grupo	2009	2010	Média do grupo
Métodos de implantação das culturas												
Ti-Transplanting60447.5		65847.1	63147.33	39677.1	48388.3	44032.72	20547.5	17457.8	19002.72	1.52	1.36	1.44
	54956.0	57878.4	56417.22	36653.3	43317.6	39985.50	18302.1	14559.8	16431.00	1.49	1.33	1.41
T2 sementeira pré-monção T3-Diblando sementes em o início da	50113.5	54520.8	52317.22	35206.4	42758.0	38982.22	14683.8	11761.8	13222.89	1.42	1.27	1.34
Monção Procedimento T4-Thomba	59630.4	65162.8	62396.67	40174.4	49097.0	44635.72	19455.0	16065.1	17760.06	1.48	1.32	1.40
Técnica T5-SRI	58723.3	62852.2	60787.78	41520.1	49666.4	45593.28	17202.3	13191.0	15196.67	1.41	1.26	1.33
S.E ±	1386.25	1560.81	1452.99	223.43	260.18	239.62	1117.28	1298.86	1197.16	-	-	-
C.D. a 5	4520.12	5089.31	4737.76	728.55	848.35	781.33	N.S.	4235.18	N.S.	-	-	-
Fontes de fertilizantes												
Fi-RDF	53980.6	59028.2	56504.43	39659.9	47972.2	43816.10	14186.6	11055.0	12620.83	1.36	1.23	1.29
F2-substituição da ureia- Briquetes DAP F3	59132.8	63643.9	61388.37	38491.3	46059.4	42275.40	20640.6	17537.2	19113.93	1.53	1.38	1.45
Substituição da ureia Briquetes de sufala	57209.0	61084.8	59146.93	37787.6	45904.7	41846.17	19287.2	15179.2	17233.23	1.51	1.33	1.42
S.E ±	1187.68	1179.33	1168.54	191.89	196.57	191.64	959.58	982.86	958.24	-	-	-
C.D. a 5	3503.14	3478.50	3446.66	566.00	579.78	565.25	2830.34	2898.99	2826.37	-	-	-
Interação E.S. ± **efeito**	2655.7	2637.0	2612.93	429.08	439.53	428.51	2145.69	2197.73	2142.68	-	-	-
C.D. a 5	N.S.	N.S.	N.S.	N.S.	N.S.	N.S.	N.S.	N.S.	N.S.	-	-	-
Média geral	56774.18	61252.3	59013.2	38646.2	46645.4	42645.8	18038.18	14607.16	16322.67	1.46	1.31	1.38

Quadro 30: Economia do arroz sob a influência de diferentes tratamentos

Efeito das fontes de fertilizantes

O tratamento com FTR resultou em custos de cultivo significativamente mais elevados (Rs. 39653.93 ha^{-1} , Rs. 47972.27 ha^{-1} e Rs. 43816.10 ha^{-1}) em comparação com os tratamentos com briquetes de ureia DAP (Rs. 38491.33 ha^{-1} , Rs. 46059.47 ha^{-1} e Rs. 42275.40 ha^{-1}) e briquetes de ureia suphala (Rs. 37787.60 ha^{-1} , Rs. 45904.73 ha^{-1} e Rs. 41846.17 ha^{-1}) em 2009, 2010 e a média do grupo, respetivamente.

Efeito de interação

Verificou-se que as interacções não eram significativas no que diz respeito aos custos de cultivo dos tratamentos.

4.9.3 Receita líquida

Os dados (Quadro 30) mostram que os rendimentos líquidos médios em 2009, 2010 e no caso da média agrupada são de Rs. 18038,18 ha^{-1} , Rs. 14607,16 ha^{-1} e Rs. 16322,67 ha^{-1} .

Impacto dos métodos de cultivo

Em termos de rendimentos líquidos, o tratamento de transplante (Rs. 20547.56 ha^{-1} , Rs. 17457.89 ha^{-1} e Rs. 19002.72 ha^{-1}) registou os valores mais elevados, seguido pelos tratamentos *viz*, método Thomba (Rs. 19455.00 ha^{-1} , Rs. 16065.11 ha^{-1} e Rs. 17760.06 ha^{-1}), aplicação de sementes antes da estação (Rs. 18302.11 ha^{-1} , Rs. 14559.89 ha^{-1} e Rs. 16431.00 ha^{-1}), a técnica SRI (Rs. 17202.33 ha^{-1} , Rs. 13191.00 ha^{-1} e Rs. 15196.67 ha^{-1}) e a aplicação de sementes no início da monção (Rs. 14683.89 ha^{-1} , Rs. 11761.89 ha^{-1} e Rs. 13222.89 ha^{-1}) em ordem decrescente de importância durante 2009, 2010 e a média do grupo, respetivamente.

Efeito das fontes de fertilizantes

A aplicação de briquetes de ureia-DAP produziu significativamente o maior rendimento líquido (Rs. 20640.67 ha^{-1} , Rs. 17587.20 ha^{-1} e Rs.19113.93 ha^{-1}), seguido pelos tratamentos com briquetes de ureia-sulfala (Rs. 19287.27 ha^{-1} , Rs.

15179.20 ha^{-1} e Rs.

17233.23 ha^{-1}) e RDF (Rs. 14186.00 ha^{-1} , Rs. 11055.07 ha^{-1} e Rs. 12620.83 ha^{-1}) em 2009, 2010 e no caso da média agrupada, respetivamente.

Efeito de interação

Os efeitos de interação entre os diferentes tratamentos não foram significativos em termos de rendimento líquido.

4.9.4 Relatório B: C

Os dados da Tabela 30 mostram que o rácio B:C médio foi de 1,46, 1,31 e 1,38 em 2009, 2010 e a média agrupada, respetivamente.

Impacto dos métodos de cultivo

O rácio B:C foi maior para o tratamento de transplante (1,52, 1,36 e 1,44) do que para os outros tratamentos, *nomeadamente a* aplicação de sementes antes da monção (1,49, 1,33 e 1,41), o método Thomba (1,48, 1,32 e 1,33), a aplicação de sementes no início da monção (1,42, 1,27 e 1,34) e a técnica SRI (1,41, 1,26 e 1,33) em 2009, 2010 e média agrupada, respetivamente.

Efeito das fontes de fertilizantes

No que diz respeito aos fertilizantes, o tratamento com briquetes de ureia-DAP deu um rácio B:C mais elevado (1,53, 1,38 e 1,45) do que o tratamento com briquetes de ureia-Suphala (1,51, 1,33 e 1,42) e FTR (1,36, 1,23 e 1,29) em 2009 e 2010 ou no caso de médias agrupadas.

Efeito de interação

Os efeitos de interação entre os métodos de cultivo e as fontes de fertilizantes não foram significativos no caso da relação B:C. Por outro lado, os efeitos da interação entre os métodos de cultivo e as fontes de fertilizantes foram significativos no caso da relação B:C.

4.9.5 Rentabilidade das combinações de tratamento

O efeito de interação entre os métodos de cultivo e as fontes de fertilizantes no rendimento do arroz não foi significativo. No entanto, a adoção de uma tecnologia pelos agricultores depende da sua relação custo-eficácia. O mesmo princípio se aplica à escolha dos métodos de cultivo e dos fertilizantes para o arroz. Por conseguinte, é essencial uma análise económica pormenorizada para se chegar a uma conclusão. Embora os efeitos de interação no rendimento não tenham sido considerados significativos no presente estudo, foi determinada a relação custo-eficácia das combinações de tratamentos.

Os dados sobre a rendibilidade das combinações de transformação do arroz são apresentados no Quadro 31. Os dados mostram que o lucro líquido máximo de Rs 23702,5 ha^{-1} e Rs 23702,5 ha^{-1} foi obtido quando o transplante de arroz e o fornecimento de briquetes de ureia-DAP foram efectuados em 2009 e 2010, respetivamente, seguido da combinação do método de transplante Thomba e da aplicação de briquetes de ureia-DAP com um retorno líquido de Rs 22065,8 ha^{-1} e Rs 19591,9 ha^{-1} .

A maior relação B:C (1,60 e 1,43) foi obtida quando o arroz foi cultivado por transplante e com briquetes de ureia DAP em 2009 e 2010, respetivamente, seguido pela combinação do método de plantio Thomba e briquetes de ureia DAP (1,56 e 1,41).

Reg. n.º.	Tratamentos	Receita bruta (Rs ha)$^{-1}$		Custo de cultivo (Rs ha)$^{-1}$		Receita líquida (Rs ha)$^{-1}$		Rácio B : C	
		2009	2010	2009	2010	2009	2010	2009	2010
1	T1 F1	57768.0	63979.0	40875.0	49684.6	16893.0	14294.4	1.41	1.29
2	T1 F2	63046.0	68679.0	39343.5	48056.8	23702.5	20622.3	1.60	1.43
3	T1 F3	59847.0	64865.0	38811.1	47421.9	21035.9	17443.1	1.54	1.37
4	T2 F1	50328.0	53983.0	36886.8	44276.0	13441.2	9707.0	1.36	1.22
5	T2 F2	58487.0	61127.0	37643.5	43055.5	20843.5	18071.5	1.55	1.42
6	T2 F3	56041.0	58506.0	35428.6	42619.5	20612.4	15886.5	1.58	1.37
7	T3 F1	47857.0	53100.0	36475.0	44128.8	11382.0	8971.2	1.31	1.20
8	T3 F2	51385.0	55973.0	34651.9	42196.5	16733.1	13776.5	1.48	1.33
9	T3 F3	50424.0	54473.0	34492.5	41947.3	15931.5	12525.7	1.46	1.30
10	T4 F1	57103.0	63202.0	41360.8	50829.7	15742.2	12372.3	1.38	1.24
11	T4 F2	61798.0	67345.0	39732.2	47753.1	22065.8	19591.9	1.56	1.41
12	T4 F3	59982.0	64934.0	39430.3	48708.0	20551.7	16226.0	1.52	1.33
13	T5 F1	56149.0	60854.0	42698.5	50940.7	13450.5	9913.3	1.32	1.19
14	T5 F2	60936.0	65068.0	41086.0	49232.7	19850.0	15835.3	1.48	1.32
15	T5 F3	59073.0	62630.0	40775.5	48826.4	18297.5	13803.6	1.45	1.28

CAPÍTULO V

DISCUSSÃO

Neste capítulo, foi feita uma tentativa de discutir criticamente as causas e efeitos importantes que emergem dos resultados do estudo "Studies on the response of hybrid rice to different crop establishment methods and sources of fertilizer application under Konkan upland situation", realizado na Agronomic Farm, College of Agriculture, Dapoli, Dist. Ratnagiri (M.S.) durante a estação kharif de 2009 e 2010.

5.1 Clima, solo e crescimento das plantas

As condições climatéricas foram favoráveis ao cultivo do arroz durante as épocas de colheita de 2009 e 2010. Na altura da sementeira (22th Met. Week), a temperatura máxima foi de 33,0°C, 33,8°C, enquanto a temperatura mínima foi de 22,4°C e 25,1°C, respetivamente, em 2009 e 2010. Da mesma forma, a humidade relativa média durante a sementeira foi de 87% e 89%, respetivamente, enquanto a precipitação em 2009 e 2010 foi de 3,0 mm e 0,2 mm, respetivamente. A precipitação média anual durante a estação de crescimento foi de 2562,9 mm e 4504,0 mm, respetivamente, distribuídos por 89 e 103 dias de chuva em 2009 e 2010. A humidade relativa variou entre 84,3 e 95,3% no primeiro ano do ensaio e entre 86,4 e 96,2% no segundo ano, indicando que a humidade relativa não variou significativamente em relação à média da década. As temperaturas mínimas durante a estação de crescimento variaram entre $20,4^0$ C e $24,5^0$ C em 2009 e entre $22,2^0$ C e $24,0^0$ C em 2010. As temperaturas máximas variaram de $24,7^0$ C a $33,0^0$ C no primeiro ano e de $26,3^0$ C a $33,2^0$ C no segundo ano. Em geral, as condições climáticas foram muito congénitas e favoráveis ao crescimento e desenvolvimento do arroz kharif durante os dois anos consecutivos de experimentação.

Os parâmetros climáticos parecem ser mais adequados à cultura do arroz em

2010 do que em 2009, pelo que o seu desempenho em termos de crescimento, atributos de rendimento e rendimento foi melhor neste último ano do que no anterior. Globalmente, as condições climatéricas foram muito favoráveis à cultura do arroz nos dois anos de ensaio.

Os dados da análise do solo para a parcela experimental mostraram que o solo tinha uma textura argilosa. Os dados iniciais de fertilidade do solo mostraram que o solo tinha um teor médio de azoto disponível (316,29 kg ha^{-1}), um elevado teor de potássio (284,72 kg ha^{-1}) e um baixo teor de fósforo disponível (13,45 kg ha^{-1}). O solo era moderadamente ácido, com um pH de 6,33.

O exame da população de plantas no início e na colheita mostra que a população de plantas não foi significativamente influenciada pelo tratamento dos métodos de cultivo e das fontes de fertilizantes. As diferenças observadas nos parâmetros de crescimento, nas características de rendimento, no rendimento e na absorção de nutrientes das plantas de arroz devem-se, portanto, exclusivamente aos tratamentos.

Com o objetivo de estudar a resposta do arroz híbrido a diferentes métodos de cultivo e fontes de fertilizantes nas terras altas de Konkan, considerou-se de interesse estudar o tipo de planta e o crescimento em termos de altura da planta, número de folhas funcionais na $colina^{-1}$, número de plantadores na $colina^{-1}$, área foliar na $colina^{-1}$ e produção de matéria seca na $colina^{-1}$ em diferentes fases de crescimento da planta. As plantas atingiram a altura máxima de 73,83 cm e 79,20 cm, produção de matéria $seca^{-1}$ de 41,48 g e 45,26 g na colheita e área foliar máxima de 15,15 dsm^2 e 17,34 dsm^2 , número máximo de rebentos (9,93 e 12,39) e número máximo de folhas $(35,22 \text{ e } 40,33)^{-1}$, para 90 DAS em 2009 e 2010, respetivamente. O número médio de panículas na $colina^{-1}$ foi de 8,42 e 10,41, enquanto os valores médios para o comprimento da panícula (23,41 cm e 23,66 cm), número de grãos cheios na $panícula^{-1}$ (123,71 e 128,44), peso de grãos cheios na $panícula^{-1}$ (3,19 g e

3,32 g) e peso de teste (25,76 g e 25,83 g) foram respetivamente em 2009 e 2010. Todas essas características contribuíram positivamente para o rendimento médio de grãos (47,24 q ha^{-1} , 51,02 q ha^{-1} e 49,13 q ha^{-1}), rendimento de palha (57,19 q ha^{-1} , 61,26 q ha^{-1} e 59,23 q ha^{-1}) e rendimento orgânico (104,4 q ha^{-1} , 112,2 q ha^{-1} e 108,36 q ha^{-1}) em 2009 e 2010 ou no caso da média agrupada. A absorção média de azoto pelo grão foi de 46,51 e 54,71 kg ha^{-1} , pela palha de 27,65 e 31,70 kg ha^{-1} e a absorção total de 74,57 e 86,41 kg ha^{-1} em 2009 e 2010. A absorção média de fósforo pelos grãos foi de 10,15 e 11,84 kg ha^{-1} , pela palha de 6,30 e 6,50 kg ha^{-1} e a absorção total de 15,65 e 18,14 kg ha^{-1} em 2009 e 2010. A absorção média de potássio pelo grão foi de 15,56 e 18,15 kg ha^{-1} , pela palha 71,44 e 81,89 kg ha^{-1} e a absorção total 87,00 e 100,04 kg ha^{-1} em 2009 e 2010. Os dados relativos aos parâmetros de qualidade, como o teor de proteínas (%) no grão de arroz, foram de 6,14 e 6,63 em 2009 e 2010, respetivamente.

Os maiores rendimentos de grãos foram obtidos com 50,21, 54,95 e 52,58 q ha^{-1} e os maiores rendimentos de palha com 59,89, 64,07 e 61,98 q ha^{-1} em 2009, 2010 e no caso da média do grupo. Entre os tratamentos com fertilizantes, os briquetes de ureia-DAP registaram o maior rendimento de grãos (49,29, 53,04 e 51,17 q ha^{-1}) e o maior rendimento de palha (59,16, 62,97 e 61,07 q ha^{-1}) em 2009 e 2010 ou no caso da média agrupada.

5.2 Impacto dos métodos de cultivo

O número de plantas na parcela líquida^{-1} , contadas aos 15 DAS e na colheita, não diferiu significativamente devido aos diferentes métodos de cultivo. Isto indica que o número de plantas na planta de arroz foi uniforme ao longo do seu ciclo de vida. Por conseguinte, as variações observadas no presente estudo nas diferentes características de crescimento e rendimento, bem como no rendimento do arroz, deveram-se exclusivamente aos diferentes tratamentos.

Dos dados apresentados no capítulo anterior, verifica-se que não foi observada uma influência significativa dos métodos de cultivo no crescimento do arroz durante o período de crescimento anterior, mas que foi observado um efeito significativo durante o período de crescimento posterior, que coincidiu com a fase de crescimento principal. Nesta fase, os parâmetros de crescimento e desenvolvimento do arroz, *nomeadamente* a altura da planta, o número de folhas ($^{-1}$), a área foliar total média, o número de rebentos ($^{-1}$) e a acumulação de matéria seca ($^{-1}$), bem como a sua distribuição pelos diferentes órgãos da planta (folhas, caules e panículas), apresentaram diferenças significativas devido aos métodos de cultivo do arroz nos dois anos de ensaio.

Os métodos de estabelecimento*, ou seja,* transplantação, sementeira pré-monção, sementeira no início da monção, transplantação de plântulas de Thomba e SRI, mostraram efeitos diferentes no crescimento e nas características relacionadas com o rendimento do arroz. O método de transplante foi melhor do que os outros quatro métodos em termos de observações periódicas do crescimento e das características relacionadas com o rendimento e a produção do arroz.

A altura das plantas foi significativamente influenciada pelos diferentes métodos de cultivo. A altura máxima da planta foi alcançada em todas as fases de crescimento com o método de transplante. Na colheita, foi registada uma altura máxima de planta de 77,41 cm e 82,49 cm na *Kharif* 2009 e *Kharif* 2010, respetivamente. Isto deve-se à destruição das ervas daninhas durante o empoçamento antes da transplantação, à sua supressão através da manutenção do nível de água no campo empoçado, ao espaçamento correto entre plantas e à cobertura óptima das plantas, bem como à menor perda de nutrientes aplicados. Estes resultados estão de acordo com as conclusões de Mangat Ram *et al* (2006).

Do mesmo modo, o número de folhas funcionais no tratamento de transplante levou a um número significativamente mais elevado de folhas funcionais nos montículos^{-1} , o que, em última análise, resultou numa área foliar significativamente maior nos montículos^{-1} do que nos outros tratamentos. A maior área foliar durante o transplante pode dever-se a uma melhor absorção de nutrientes na sequência de um maior número de raízes forrageiras. Estes resultados estão de acordo com os de Dawood *et al* (1971) e Mangat Ram *et al* (2006).

A acumulação de matéria seca na colina^{-1} parece ser um indicador fiável do crescimento da planta e, no presente estudo, foi mais influenciada pelo método de transplante, seguido, por ordem decrescente, da técnica SRI, do método Thomba, da colocação de sementes antes da monção e da colocação de sementes no início da monção. O aumento da área foliar no transplante pode ser devido a uma melhor absorção de nutrientes como resultado de uma maior formação de raízes, o que, em última análise, levou a uma maior acumulação de matéria seca. Outra razão para a maior acumulação de matéria seca com o método de transplante pode ser o aumento significativo dos parâmetros morfológicos responsáveis pela capacidade fotossintética da planta e, por conseguinte, pelo seu rendimento biológico. Estes resultados estão de acordo com os de Singh *et al* (2006).

O número máximo de pólen^{-1} também foi associado ao método de transplante em todas as fases de crescimento da planta. A maior produção de pólen durante o transplante pode ser devida a uma melhor estimulação do crescimento das raízes para ancoragem. Isto leva a uma melhor absorção de nutrientes e água e, em última análise, mais pólen. Estes resultados são consistentes com os de Singh *et al* (2006).

O efeito positivo do método de transplante na melhoria do crescimento através do aumento da altura, das folhas, do número de rebentos, da área foliar e da produção de matéria seca reflecte-se, em última análise, em atributos de rendimento mais elevados, nomeadamente o número de panículas no monte^{-1} , o comprimento da panícula, o número de grãos cheios na panícula^{-1} , o número de grãos não cheios na panícula^{-1} , o peso dos grãos cheios na panícula^{-1} e o peso de teste. O rendimento de grãos do arroz é uma função dos atributos de rendimento de uma planta individual, *nomeadamente o número* de panículas no monte^{-1} , o comprimento da panícula, o número de grãos cheios na panícula^{-1} , o peso dos grãos cheios na panícula^{-1} e o peso de ensaio e, finalmente, o rendimento de grãos da planta.

O transplante foi equivalente ao método Thomba e à técnica SRI em termos do número de panículas nas colinas^{-1} , comprimento da panícula, número de grãos cheios na panícula^{-1} , peso de grãos cheios na panícula^{-1} e peso de teste, e foi significativamente superior à aplicação de sementes antes da monção e à aplicação de sementes no início da monção. Assim, a transplantação registou um rendimento de grãos ha^{-1} significativamente mais elevado do que os outros métodos de cultivo, seguido do método Thomba e da técnica SRI. O aumento do rendimento de grãos com o transplante em comparação com o método Thomba, a técnica SRI, a aplicação de sementes antes da monção e a aplicação de sementes no início da monção foi de 1,00, 3,73, 10,64 e 17,43 por cento, respetivamente. O aumento das características de rendimento pode dever-se ao aumento dos parâmetros de crescimento e desenvolvimento, o que, em última análise, conduziu a um maior rendimento de grãos. Os resultados actuais estão de acordo com os de Singh *et al* (1973), Singh *et al* (1997) e Singh *et al* (2006).

O aumento do rendimento em palha e do rendimento orgânico (quadro 18) obtido com o transplante de arroz foi significativamente superior ao obtido com a sementeira em pré-monção e com a sementeira no início da monção, e equivalente ao obtido com o método Thomba e com a técnica SRI. O aumento do rendimento médio da palha sob transplante em comparação com o método Thomba, a técnica

SRI, a sementeira antes da monção e a sementeira no início da monção foi de 1,00, 1,55, 7,6 e 12,11%, respetivamente. Isto pode ser explicado pelo facto de as características morfológicas, *nomeadamente a* altura da planta, o número de folhas ($^{-1}$), o número de lâminas de arado e a produção de matéria seca ($^{-1}$), terem aumentado durante o transplante. Resultados semelhantes foram também registados por Singh *et al* (2003) e Mangat Ram *et al* (2006). Assim, os resultados mostram claramente que o método de transplantação foi superior ao estabelecimento, seguido do método Thomba, a fim de obter um melhor rendimento de grãos e palha ha^{-1} de arroz.

Durante a transplantação, a técnica SRI e o método Thomba, foi encontrado um teor quase idêntico e mais elevado de N, P e K no grão e na palha do arroz do que durante a sucção das sementes antes da monção e a sucção das sementes no início da monção. Isto pode ser explicado pelo facto de a planta ter absorvido uma quantidade proporcionalmente maior de N, P e K, uma vez que estes estavam mais disponíveis devido à formação de poças e à redução das perdas por lixiviação de nutrientes, que têm um efeito benéfico no crescimento da planta.

A absorção de N, P e K foi mais elevada na plantação, significativamente mais elevada do que a aplicação de sementes antes da monção e a aplicação de sementes no início da monção, mas equivalente ao SRI e Thomba. Uma vez que a absorção de nutrientes é uma função do rendimento do grão e da palha e do teor de nutrientes, a melhoria significativa do teor de nutrientes, combinada com o aumento do rendimento do grão e da palha, resultou numa absorção de nutrientes significativamente mais elevada. Estes resultados são consistentes com as conclusões de Mangal Prasad *et al.* (1980) e Singh *et al.*

O teor de proteínas do arroz seguiu a mesma tendência que o teor de azoto do grão e da palha, uma vez que o teor de proteínas é calculado multiplicando o teor de N por um fator de 6,25. O teor de proteínas no grão e na palha foi mais elevado aquando da transplantação, o que foi mais elevado do que a aplicação de sementes antes da monção e a aplicação de sementes no início da monção, mas ao mesmo nível que a técnica SRI e o método Thomba.

A quantidade de N, P e K disponível no solo após a colheita do arroz foi significativamente influenciada pelos diferentes métodos de cultivo. Os teores de N, P e K disponíveis no solo após a colheita do arroz foram mais elevados e significativamente mais altos quando a cultura foi estabelecida através da sementeira de sementes no início da monção, em comparação com a sementeira de sementes antes da monção, a técnica SRI, o método Thomba e o transplante. Isso pode ser explicado pela menor absorção de N, P2O5 e K2O ao espalhar sementes no início da monção e maior absorção desses nutrientes ao espalhar sementes antes da monção, SRI, Thomba e transplante. Em geral, no entanto, todos os métodos de cultivo mostraram uma melhoria maior ou menor no estado disponível de todos esses nutrientes após a colheita em comparação com o estado inicial, indicando uma melhoria geral na fertilidade do solo após a colheita das culturas cultivadas com os diferentes métodos de cultivo. O balanço líquido disponível de N, P e K no solo aumentou para todos os métodos de cultivo e foi maior para as sementes semeadas no início da monção.

O transplante de arroz (Tabela 30) produziu os maiores rendimentos brutos (Rs. 60447.5, Rs. 65847.1 e Rs. 63147.33 ha^{-1}), os maiores rendimentos líquidos (Rs. 20547.5, Rs. 17457.8 e Rs. 19002.72 ha^{-1}) e a maior relação benefício/custo (1.52, 1.36 e 1.44), seguidos pelo método thomba, estabelecimento de sementes antes da monção, estabelecimento de sementes no início da monção e técnica SRI em 2009, 2010 e no caso da média agrupada, respetivamente. De todos estes métodos de estabelecimento, a transplantação provou ser o mais rentável economicamente, com um rácio B:C médio de 1,44. Para o método Thomba, a sementeira antes da monção, a sementeira no início da monção e o método SRI, os rácios B:C foram de 1,41, 1,40, 1,34 e 1,33, respetivamente. Os rendimentos brutos e líquidos mais elevados, bem como o rácio custo/benefício devido ao método de transplantação, deveram-se principalmente ao maior rendimento de grãos e palha do método de transplantação em comparação com os outros métodos de cultivo. Resultados semelhantes foram também registados por Mangat Ram *et al.* (2006) e Sanjay *et al.*

5.3 Efeito das fontes de fertilizantes

A fim de delinear o efeito dos fertilizantes, os capítulos anteriores forneceram informações relevantes sobre as características de crescimento, as características de rendimento, a qualidade, a absorção de N, P e K e o rendimento de grãos e palha.

O azoto desempenha um papel importante na melhoria das características gerais de crescimento e rendimento e, em última análise, no rendimento total do arroz. A aplicação de briquetes de ureia-DAP resultou num aumento significativo da altura das plantas, do número de folhas, do número de lanças^{-1} , da área foliar e da acumulação de matéria seca ao longo do período de crescimento da cultura, em comparação com o FTR, e manteve-se ao mesmo nível que a fonte de fertilizante briquetes de ureia-sulfala. Quando os briquetes de ureia-DAP foram aplicados, foram enterrados profundamente (56 cm) na área reduzida da camada de solo, de modo que os nutrientes essenciais para as plantas foram lentamente libertados no solo, geralmente em condições semelhantes a poças para as culturas de arroz. A altura máxima sob os briquetes de ureia DAP foi registada devido à disponibilidade máxima de azoto em comparação com os outros tratamentos. O azoto desempenha um papel importante na síntese de proteínas, que é essencial para a estrutura da planta, e é também um componente essencial da clorofila, que actua como um absorvente primário da energia luminosa necessária para a fotossíntese, resultando numa maior altura. Resultados semelhantes foram também registados por Bhagat (2005).

O aumento da absorção de nutrientes durante o tratamento com briquetes de ureia-DAP resultou num crescimento vigoroso com um maior número de folhas em todas as fases de crescimento da cultura. O maior número de rebentos, folhas e área foliar devido à aplicação de briquetes de ureia-DAP conduziu, em última análise, a uma maior atividade fotossintética, à síntese de mais fotossíntese pelo arroz em todas as fases de crescimento da cultura. Estes resultados estão de acordo com Pillai (2004).

Em termos de altura média das plantas, a utilização de briquetes de ureia-DAP resultou numa altura de planta significativamente maior do que a utilização de FTR e igual à dos briquetes de ureia-Suphala. A melhoria dos parâmetros de crescimento pode dever-se a uma melhor e adequada nutrição das plantas quando estas são fertilizadas com os briquetes. Resultados semelhantes foram também obtidos por Pillai (2004) e Bulbule *et al.* (2005). No que respeita ao número de folhas, os dados observados estão de acordo com Pillai (2004), que verificou que o número de folhas aumentou quando os briquetes UB-DAP foram colocados em profundidade.

Verificou-se que a aplicação de fertilizante por colocação profunda de briquetes aumentou significativamente a produção de matéria seca em relação à taxa de fertilizante recomendada. Os dados observados são consistentes com os de Pillai (2004), que descobriu que a produção de matéria seca quando N e P foram aplicados por briquetes UB-DAP foi tão eficaz, mesmo em taxas mais baixas, quanto quando taxas mais altas de fertilizantes N e P foram aplicadas aos solos lateríticos de Konkan.

O aumento da área foliar e da acumulação de matéria seca com a aplicação de briquetes de ureia-DAP pode, em última análise, ter resultado em mais transformações na cova, resultando em atributos de rendimento significativamente mais elevados, nomeadamente, o número de pancadas na panícula^{-1} , o comprimento da panícula, o número de grãos cheios na panícula^{-1} , o peso dos grãos cheios na panícula^{-1} e o peso de teste, em comparação com os tratamentos com briquetes de ureia-sulfala e FTR. Resultados semelhantes relativos a mais atributos de rendimento com briquetes de ureia-DAP foram registados por Pillai (2004) e Bulbule *et al.* (2005).

As características de rendimento mais elevadas com este tratamento podem dever-se à libertação lenta de azoto, que aumenta a disponibilidade de nutrientes. O valor mais elevado das características de crescimento e rendimento quando tratado com briquetes de ureia-DAP reflectiu-se em rendimentos de grãos e palha de arroz significativamente mais elevados em comparação com outros fertilizantes. Resultados semelhantes foram obtidos por Pillai (2004), Jagtap (2007) e Bulbule *et al.* (2008).

Os seguintes atributos de rendimento contribuem para o rendimento do grão de arroz: número de panículas^{-1} , comprimento da panícula, número de grãos cheios de panícula^{-1} , peso dos grãos cheios de panícula^{-1} e peso de teste. Os resultados mostraram que todos os atributos de rendimento (Tabelas 16, 17) do arroz foram significativamente influenciados pelo fertilizante e que a maioria deles seguiu uma tendência mais ou menos semelhante à das características de crescimento e desenvolvimento, indicando que a aplicação de briquetes de ureia DAP foi adequada para aumentar os atributos de rendimento do arroz em comparação com outros tratamentos de fertilizantes. A melhoria acentuada das características de rendimento deveu-se à melhoria significativa dos parâmetros de crescimento, que teve um efeito positivo nas características de rendimento do arroz com a aplicação de briquetes de ureia DAP.

A aplicação de briquetes de ureia DAP deu um rendimento de grãos máximo e significativamente mais elevado do que os outros tratamentos, com exceção da aplicação de briquetes de ureia suphala (Quadro 18). O aumento médio do rendimento de grãos quando os briquetes de ureia DAP foram aplicados em comparação com os briquetes de ureia suphala e a aplicação de EBS foi de 3,89 e 8,06 por cento, respetivamente. O aumento do rendimento de grãos de arroz devido à utilização de briquetes de ureia-DAP pode ser atribuído a uma melhoria significativa dos atributos de rendimento, *nomeadamente o* número de panículas^{-1} , o comprimento da panícula, o número de grãos cheios de panículas^{-1} , o peso dos grãos cheios de panículas^{-1} e o peso de teste, o que, em última análise, levou a um aumento do rendimento de grãos. Resultados semelhantes foram registados por Talashilkar *et.al,* (2000), Dhane *et.al,* (2002) e Bulbule *et.al.* (2008).

O rendimento em palha e o rendimento biológico do arroz seguiram uma tendência semelhante à do rendimento em grão (Quadro 13). O aumento da produção de palha com briquetes de ureia-DAP em comparação com briquetes de ureia-sulfala e FTR foi de 2,10 e 6,95%, respetivamente. O aumento da produção de palha e do rendimento biológico pode ser atribuído ao aumento das características de crescimento, como a altura da planta, o número de folhas funcionais no monte^{-1} , o número total de rebentos, a acumulação de matéria seca e, finalmente, a produção de palha devido à aplicação de briquetes de ureia-DAP. Estes resultados estão de acordo com os relatórios de Talashilkar *et.al,* (2000), Dhane *et.al,* (2002) e Bulbule *et.al.* (2008).

Os dados apresentados nos quadros 19, 21 e 23 mostram que a aplicação de briquetes de ureia-DAP ao arroz resultou num teor significativamente mais elevado de N, P e K no grão e na palha do que os outros tratamentos, com exceção da aplicação de briquetes de ureia-Suphala. O teor mais elevado de N, P e K no grão e na palha pode dever-se ao facto de a planta absorver proporcionalmente mais N, P e K, à medida que aumenta o conjunto de nutrientes disponíveis no solo. Estes resultados são consistentes com os relatórios de Pillai (2004) e Jagtap (2007). A aplicação de briquetes de ureia-DAP registou a maior absorção de azoto, fósforo e potássio, mas foi igual à aplicação de briquetes de ureia-sulfala por grãos de arroz, palha, bem como a absorção total, e ambos os tratamentos aumentaram significativamente a absorção de azoto, fósforo e potássio em comparação com os outros tratamentos (Quadros 20, 22 e 23). O aumento da absorção destes nutrientes pelo arroz deveu-se ao aumento do rendimento do grão e da palha, bem como ao aumento dos teores de N, P e K do grão e da palha sob as diferentes fontes de fertilizantes. Estes resultados são semelhantes aos registados por Pillai (2004) e Jagtap (2007).

O teor de proteínas do grão e da palha de arroz aumentou significativamente quando foram aplicados briquetes de ureia-DAP em comparação com os outros tratamentos, exceto quando foram aplicados briquetes de ureia-sulfala. Este aumento do teor de proteínas pode ser devido ao aumento da concentração de azoto no grão e na palha de arroz com estes fertilizantes, o que aumentou a síntese de proteínas e o teor de proteínas no grão e na palha de arroz.

Os dados sobre N, P e K disponíveis no solo após a colheita do arroz mostraram um ligeiro aumento para todos os tratamentos com fertilizantes em comparação com os valores iniciais, com exceção do K disponível para o tratamento com briquetes de ureia DAP, uma vez que não foi adicionado K para o tratamento com briquetes de ureia DAP (Quadro 26). O arroz fertilizado com briquetes de ureia DAP aumentou significativamente o N e o P disponíveis no solo após a colheita, em comparação com o FTR. No entanto, foi equivalente ao tratamento com briquetes de ureia-sulfala. Em relação ao K disponível após a colheita do arroz, a aplicação do FTR apresentou um ligeiro aumento, equivalente ao dos briquetes de ureia-suphala e significativamente superior ao dos briquetes de ureia DAP. O aumento da disponibilidade destes nutrientes após a colheita do arroz pode dever-se à mineralização e ao aumento de N, P2O5 e K2O em resultado da libertação lenta e da redução das perdas por lixiviação dos nutrientes. Resultados semelhantes foram também registados por Pillai (2004) e Jagtap (2007).

O balanço líquido de N e P disponível no solo foi positivo após dois anos para todos os fertilizantes. O balanço mais elevado de N e P disponível no solo foi registado quando os briquetes de ureia-DAP foram tratados devido à sua compactação e libertação lenta. No entanto, o tratamento com briquetes de ureia DAP resultou numa perda de K disponível no solo, o que pode dever-se ao facto de os briquetes de ureia DAP não fornecerem potássio.

A aplicação de briquetes de ureia DAP resultou em rendimentos brutos máximos (Rs. 59132,8, Rs. 63643,9 e Rs. 61388,37 ha^{-1}), rendimentos líquidos (Rs. 20640,6, Rs. 17587,2 e Rs. 19133,93 ha^{-1}) e rácio B:C (1,53, 1,38 e 1,45) em comparação com outros tratamentos de fertilizantes em 2009, 2010 e média agrupada, respetivamente. Este aumento dos parâmetros económicos deveu-se a uma melhoria significativa do rendimento dos grãos e da palha de arroz. Resultados semelhantes foram também obtidos por Pillai (2004), Bulbule *et.al.* (2006) e Ghodake (2007).

5.4 Efeitos de interação entre métodos de cultivo e fontes de fertilização

Nenhuma das características de crescimento e atributos de rendimento foram significativamente influenciados pelos efeitos da interação entre as práticas de cultivo e os tratamentos com fertilizantes. Os rendimentos de grãos e palha também não foram significativamente influenciados pelos efeitos da interação entre as práticas de cultivo e os tratamentos com fertilizantes.

5.5 Rentabilidade das combinações de tratamento

Os efeitos de interação entre os métodos de cultivo e as fontes de fertilizantes no rendimento do arroz não foram significativos. No entanto, a adoção de uma tecnologia pelos agricultores depende da sua relação custo-eficácia. O mesmo princípio é aplicado quando se decide quais os métodos de cultivo e fertilizantes a utilizar no arroz. Por conseguinte, é essencial uma análise económica pormenorizada para se chegar a uma conclusão. Embora os efeitos de interação no rendimento não tenham sido considerados significativos no presente estudo, foi determinada a relação custo-eficácia das combinações de tratamentos.

Com base na análise económica, verificou-se que o rendimento bruto, o rendimento líquido e a relação B:C da combinação de tratamentos para o arroz cultivado por transplantação e fornecido com briquetes de ureia-DAP eram comparáveis ao rendimento bruto, ao rendimento líquido e à relação B:C das outras combinações de tratamentos.

Estes resultados mostram claramente que as plantas de arroz plantadas com briquetes de ureia-DAP deram maiores rendimentos brutos e líquidos e uma melhor relação B:C do que o método Thomba com briquetes de ureia-DAP.

CAPÍTULO VI
RESUMO E CONCLUSÕES

Foi realizado um estudo de campo intitulado "Estudos sobre a resposta do arroz híbrido a diferentes métodos de estabelecimento de culturas e fontes de fertilizantes na situação das terras altas de Konkan" em solos laterais na Quinta Agronómica, Lote n.º 20 do Bloco 'B', Faculdade de Agricultura, Dapoli, Dist. Ratnagiri durante a *Kharif* 2009 e 2010, para identificar métodos de cultivo e fontes de fertilizantes adequados para um crescimento ótimo e um maior rendimento do arroz.

O ensaio foi realizado numa configuração de parcelas divididas, com cinco métodos de cultivo nas parcelas principais e três tratamentos de fontes de fertilizantes nas subparcelas, repetidos três vezes. Houve, portanto, um total de 15 combinações de tratamentos. A parcela experimental era bastante uniforme, plana e bem drenada. O solo da parcela experimental tinha uma textura argilosa, um pH ligeiramente ácido e um teor muito elevado de carbono orgânico. Apresentava teores médios de azoto disponível, baixos de fósforo disponível e elevados de potássio disponível.

Foram registadas observações sobre o crescimento, o rendimento e a qualidade, a fim de avaliar os efeitos do tratamento. Os conhecimentos adquiridos com estes estudos são resumidos a seguir.

Os dados relativos ao aparecimento de plantas e ao número final de plantas foram uniformes, o que indica que as diferenças observadas se devem apenas ao efeito efetivo do tratamento.

Impacto dos métodos de cultivo

1. O número de plantas aos 15 DAS e na colheita não foi significativamente

influenciado pelos métodos de cultivo.

2. Características de crescimento da planta de arroz, ou seja, altura da planta, número de folhas ($^{-1}$), área foliar total média, número de lâminas de arado ($^{-1}$) e acumulação de matéria seca ( ).$^{-}$

[1] foram significativamente aumentados pelo transplante em todas as fases de crescimento, com exceção da altura da planta aos 45 DAS. No entanto, o método Thomba foi equivalente ao transplante em termos de altura máxima da planta, número de folhas hill^{-1} , área foliar total média e acumulação de matéria seca hill^{-1} . O método SRI foi equivalente ao método de transplante em termos do número de plantadores ($^{-1}$).

3. O arroz transplantado registou rendimentos mais elevados do que a sementeira antes da monção, a sementeira no início da monção e o método SRI, mas foi igual ao método Thomba para o número de panículas na colina^{-1} , comprimento da panícula, número de grãos cheios na panícula^{-1} , peso dos grãos cheios na panícula^{-1} e peso de teste.

4. A transplantação de arroz resultou em rendimentos de grãos, palha e orgânicos ha^{-1} significativamente mais elevados do que os outros métodos de cultivo, seguidos pelo método Thomba, a técnica SRI, a mistura de sementes pré-monção e a mistura de sementes do início da monção, por esta ordem decrescente. O aumento médio do rendimento de grãos por transplante em comparação com o método Thomba, a técnica SRI, a mistura de sementes pré-monção e a mistura de sementes do início da monção foi de 1,01, 3,73, 10,64 e 17,43 por cento para o rendimento de grãos e 1,00, 1,55, 7,60 e 12,11 por cento para o rendimento de palha.

5. Em 2009, o índice de colheita foi mais elevado para o método Thomba, seguido da transplantação, da técnica SRI, da aplicação de sementes antes da

monção e da aplicação de sementes no início da monção. Em 2010, o índice de colheita foi mais elevado para a transplantação, seguido do método Thomba, da técnica SRI, da aplicação de sementes antes da monção e da aplicação de sementes no início da monção.

6. Os teores de azoto, fósforo e potássio, tanto no grão como na palha, foram significativamente aumentados pelo método de transplantação em comparação com os outros métodos de cultivo, com exceção do método Thomba. O transplante de arroz aumentou significativamente a absorção de azoto, fósforo e potássio no grão, na palha e na absorção total, seguido do método Thomba.
7. O teor de proteínas de ambos os componentes do arroz aumentou significativamente na cultura transplantada em comparação com os outros métodos de cultivo, com exceção do método Thomba.
8. O estado disponível de N, P e K após a colheita das culturas experimentais foi melhor do que o respetivo estado inicial para todos os métodos de cultivo.
9. Os níveis de N, P e K disponíveis após a colheita do arroz foram mais elevados quando as sementes foram espalhadas no início da estação das monções, e muito mais elevados do que com outros métodos de cultivo.
10. Após dois anos de ensaios, o balanço de N, P e K disponíveis no solo era positivo para todos os métodos de cultivo.
11. O arroz transplantado deu os maiores rendimentos brutos, rendimentos líquidos e rácio B:C em comparação com outros métodos de cultivo.

Impacto da gestão dos nutrientes

1. A população de plantas, contada aos 15 DAS e na colheita, não foi significativamente influenciada pelos diferentes fertilizantes.

2. A utilização de briquetes de ureia-DAP deu valores máximos e significativamente mais elevados em todas as fases de crescimento para quase todos os parâmetros de crescimento, nomeadamente altura da planta, número de folhas ($^{-1}$), área foliar total média, número de caules ($^{-1}$) e acumulação de matéria seca ($^{-1}$). No entanto, os briquetes de ureia-DAP foram iguais aos briquetes de ureia-suphala em termos de altura da planta, número de folhas colina^{-1} , número de lâminas de arado colina^{-1} e acumulação de matéria seca colina^{-1} .

3. Os atributos de rendimento foram significativamente influenciados pelas diferentes fontes de fertilizantes. A aplicação de briquetes de ureia-DAP deu valores máximos e significativamente mais elevados dos atributos de rendimento, *nomeadamente* o número de panículas^{-1} , o comprimento da panícula, o número de grãos cheios na panícula^{-1} , o peso dos grãos cheios na panícula^{-1} e o peso experimental, em comparação com os outros tratamentos, exceto os briquetes de ureia-Suphala.

4. A aplicação de briquetes de ureia DAP resultou num aumento significativo do rendimento de grãos ha^{-1} , do rendimento de palha ha^{-1} e do rendimento biológico ha^{-1} em comparação com os outros tratamentos. O aumento médio no rendimento de grãos com o tratamento de briquetes de ureia DAP em comparação com briquetes de ureia suphala e RDF foi de 3,89 e 8,06 por cento para o rendimento de grãos e 2,10 e 6,95 por cento para o rendimento de palha.

5. A taxa de colheita mais elevada foi obtida com briquetes de ureia-DAP, enquanto a taxa de colheita mais baixa foi registada quando foram utilizados briquetes de ureia-sulfala.

6. O teor de azoto, fósforo, potássio e proteínas no grão e na palha, bem como a absorção de azoto, fósforo e potássio pelo grão e pela palha e a sua absorção

total foram significativamente aumentados pela aplicação de briquetes de ureia-DAP em comparação com os outros tratamentos.

7. O teor de proteínas de ambos os componentes do arroz aumentou significativamente com a aplicação de briquetes de ureia-DAP em comparação com os outros tratamentos.
8. Os valores de N, P e K disponíveis no solo após a colheita das culturas experimentais foram melhores do que os respectivos valores iniciais para todos os tratamentos de gestão de nutrientes, com exceção do K disponível para os briquetes de ureia DAP.
9. A utilização de briquetes de ureia DAP melhorou significativamente o estado do N e do P disponíveis no solo em comparação com outros fertilizantes, com exceção do estado do K disponível no solo.
10. Após dois anos de estudo, o balanço de N, P e K disponíveis no solo era positivo para todos os tratamentos de fertilização, com exceção do tratamento Ureia-DAP-Briketts, que apresentava um balanço negativo de K disponível.
11. Os rendimentos brutos, os rendimentos líquidos e os rácios B:C mais elevados foram obtidos quando o arroz foi alimentado com briquetes de ureia-DAP.

Rentabilidade das combinações de tratamento

Os rendimentos brutos mais elevados, os rendimentos líquidos e os rácios B:C foram obtidos quando a planta de arroz transplantada foi alimentada com briquetes de ureia-DAP.

Conclusões

Com base neste estudo, podem ser tiradas as seguintes conclusões gerais.

1. O arroz deve ser transplantado para obter rendimentos mais elevados de grãos e palha, rendimentos líquidos e uma melhor relação B:C nas terras altas do Konkan.

2. Para obter maiores rendimentos de grãos e palha, rendimentos líquidos e uma melhor relação custo/benefício na cultura do arroz, a cultura deve ser alimentada com briquetes de ureia-DAP.

3. Para obter rendimentos líquidos mais elevados e uma melhor relação B:C, o arroz deve ser transplantado e alimentado com briquetes de ureia-DAP.

Pode concluir-se que, para o cultivo de arroz kharif nas terras altas de Konkan, a cultura deve ser estabelecida por transplantação e alimentada com briquetes de ureia-DAP (@ 168,75 kg ha^{-1}) para obter maiores rendimentos e benefícios económicos.

Quando a água da chuva é insuficiente para formar poças, o método thomba com briquetes de ureia-DAP (@ 168,75 kg ha^{-1}) é adequado e, quando há falta de mão de obra, a propagação de sementes com briquetes de ureia-DAP (@ 168,75 kg ha^{-1}) é uma alternativa ao método de transplantação convencional nas terras altas do Konkan.

LITERATURA CITADA

Anitha S. (2005). Sistema de Intensificação do Arroz (SRI) - Um método de produção eficiente em termos de água. *Kissan World*, p. 41.

Anónimo (1997). Destaques da investigação (1992-97). Konkan Krishi Vidyapeeth, Dapoli.

Anónimo (2008). Área, produtividade produtiva de Maharashtra, Konkan http//www.agrimaha.nic.in.

Anónimo (2009a). Área Mundial, Produção, Produtividade, http//www.faostat.org.

Anónimo (2009b). http//www.agriindia.co.in.

Ali, M. A., Ladha, J. K., Rickman, J. e Lales, J. S. (2006). Comparação de diferentes métodos de estabelecimento de arroz e estratégias de gestão do azoto para o arroz de terras baixas. *Journal of Crop Improvement*. **16**(1/2):173-189.

Awan,T.H., Inalyat Ali, Safdar,M.E., Ashraf,M.M., Muhammad Yaqub (2007). Impacto económico de diferentes técnicas de cultivo na produção de arroz (*Oryza sativa). Jornal de Investigação Agrícola* de Lahore. **45**(1):73-80.

Baloch, M. S., Awan, I. U., Gul Hassan e Khakwani, A. A. (2006). Effect of cultural practices and weed control methods on selected growth characteristics of rice. *Rice Science*, **13**(2):131-140.

Bhagat, S. S., Khawale, V. S., Dongarkar, K. P. e Gudhadhe, N. N. (2005). Efeito do espaçamento e dos briquetes de fertilizantes no crescimento e rendimento do arroz de terras baixas. *J. Soils and Crops* **15**(2):462-465.

Bhandal, S. (1947). Métodos e factores que permitem que uma planta sobreviva ao transplante. *Indian J. agric. Sci.* **17**(1):86.

Bhatnagar, O.K. e Sharma, S.N. (1975) Comparative study of different sowing methods on yield of rice with and without sowing. *Indian Journal of*

Agronomy. **20**(1):58.

Bhattacharya, K. K. e Chatterjee, B. N. (1978). Crescimento do arroz sob a influência do fósforo. *Indian J. Agric . Sci.* **48** (10): 495-497.

Bowen, W.T., Diamond, R.B., Singh, U e Thompson, T.P. (2005) A colocação em profundidade de ureia aumenta o rendimento e poupa fertilizante azotado nos campos dos agricultores do Bangladesh. Rice is life: scientific perspectives for the 21st century Proceedings of the World Conference on Rice Research held in Tsukuba, Japan, 4-7 November 2004-2005, 369-372.

Budhar, M.N. e N. Tamilselvan (2002). Effect of restocking techniques on yield and profitability of irrigated lowland rice (Oryza sativa). *Indian J. of Agronomy*, **47**(1):57-60.

Bulbule, A. V., Talashilkar, S. C. e Savant N. K. (1996). Gestão integrada da palha de arroz. Gestão da ureia para arroz transplantado. *J. Agric. Sci.* Cambridge.127:49- 55.

Bulbule, A.V., Purkar, J. K. e Patil, V. S. (2003). Gestão eficiente do azoto e do fósforo no arroz de terras altas transplantado. *Research-on-Crops.* **4**(1):10-18.

Bulbule, A. V., Patil, V. S. e Jangle, G. D. (2005). Gestão eficiente de fertilizantes por aplicação em profundidade sob a forma de briquetes para arroz transplantado em terras baixas. *J. Maharashtra agric. Univ.* **30**(3):259-262.

Bulbule, A. V., Patil, V. S., Jangle, G. D e Purkar J. K. (2006). Gestão eficiente de fertilizantes azotados em arroz de sequeiro transplantado em ecossistema de sequeiro. *Agril. Sci. Digest* **26**(1).

Bulbule, A. V., Durgude, A. G., Patil, V. S. e Kulkarni R. V. (2008). Fertilização de arroz transplantado em terras baixas com briquetes. *Crop Res. J.* **35**(1 & 2):1-5.

Dafterdar, S. Y. e Savant, N. K. (1995). Avaliação da gestão ambientalmente correcta de fertilizantes para arroz de terras baixas em campos de agricultores tribais na Índia. Trabalho apresentado na Conferência de Investigação IRRI de 1995, Los Banos, Laguna, Filipinas.

Darade A. B. (2007) Efeito dos fertilizantes Ureia-DAP e níveis de zinco no crescimento e rendimento do arroz híbrido (*Oryza sativa*). Tese de Mestrado (Agri.) apresentada ao Dr. V., Dapoli (não publicada) Índia (MS).

Das, M. (1978) Growth and yield of transplanted rice with chemically treated or coated nitrogenous fertilizers. Tese de doutoramento B.C. Krishi Viswa Vidyalaya West Bengal.

Dawood, A.S., Palaniswamy, S., Sivasubramaniam, S. e Krishnan, R.H. (1971). Semeadura direta para variedades de arroz de alto rendimento. *Madras Agril. J.* **58**(6):514-516.

Desai, A.D., Seshagiri Rao, T. e Hirekerur, R. (1958). Necessidade de potassa na fertilização do arroz. *J. Indian Soc. Soil Sci.* **6**:17-19.

Dhane, S. S., Yadav, A. N. e Mahale, D. (2002). Briquetes de ureia contendo fosfato de diamónio, uma importante fonte de NP para solos costeiros salinos. *J. Maharashtra agric. Univ.* **27**(2):226-228.

Dhar Rajinder, Kotwal, S., Bhat, A.K. e Gupta, N. K. (2009). Efeitos do método de cultivo, distância e fonte de nutrientes no crescimento e rendimento do arroz. *Environment and Ecology*. **27**(2A):965-970.

Durgude, A. G., Patil, Y. J., Bulbule, A. V. e Patil, V. S. (2008). Efeito da gestão de fertilizantes com briquetes de ureia DAP no arroz de planície. *Asian Journal of Soil Science*. **3**(1):1-3.

Ganesh M., N. Manohar Reddy, B. Gopal Reddy e R. Ankaiah (2006). Andhra Pradesh - Um centro de sementes na Índia. In: Souvenir do XII Seminário

Nacional de Sementes sobre Prosperidade através de sementes de qualidade. 24-26 de fevereiro de 2006, p. 21-23.

Gangwar, K. S., Gill M. S., Tomar, O. K. e Pandey, D. K. (2008). Effect of cultural practices on growth, productivity and soil fertility in rice (*Oryza sativa*) based cropping systems. *Indian Journal of Agronomy*. **53**(2).

Ghodke, S. B (2004). Resposta do arroz híbrido *Sahyadri-2* à gestão integrada de nutrientes. Tese de Mestrado (Agri.) apresentada ao Dr. V., Dapoli (não publicada) Índia (MS).

Ghodke, S. B., Sawant, A. C., Chavan, P. G. e Pawar, P. P. (2008). Gestão integrada de nutrientes em arroz híbrido transplantado *Sahyadri-2*. *J. Maharashtra Agri. Univ.* **33**(3):325-327.

Govhane, Y. A. (2001). Estudos sobre a normalização7 de técnicas agrícolas para o arroz híbrido Tese de Mestrado apresentada ao Dr. V., Dapoli.

Gobi, R., Ramesh, S., Pandian, B. J. e B. Chandrasekaran (2008). Avaliação dos métodos de estabelecimento e aplicação partilhada de N e K na análise de crescimento, absorção de NPK, eficiência da utilização de azoto e estado de fertilidade do solo dos híbridos de arroz CoRH2. *International J. of Agril. Sci.* **4**(1):173-180.

Hugar A.Y., Chandrappa, H., Jayadeva, H. M., Sathish, A. e Mallikarjun G.B., (2009). Desempenho comparativo de diferentes métodos de estabelecimento de arroz na área de comando de Bhadra. *Karnataka Journal of Agricultural Sciences*. **22**(5).

Jagtap, P. P. (2007). Efeito da utilização integrada de fertilizantes e da colocação em profundidade de UB-DAP no crescimento, rendimento, absorção de nutrientes e qualidade do arroz Ratnagiri 1 (*Oryza sativa*.L.) em solos lateríticos. Tese de doutoramento M. Sc. (Agri.) apresentada ao Dr. B. S.

Konkan Krishi Vidyapeeth, Dapoli (não publicada). Índia (MS).

Jayadeva, H. M. e Prabhakar Shetty, T. K. (2008). Influência das técnicas de cultivo e das fontes de nutrientes na produtividade, energia e rendibilidade do arroz. *Oryza*, **45**(2):166-168.

Kadam J. R. (2001). Utilização efectiva de briquetes de fertilizante NPK no rendimento e na qualidade das culturas. *Indian Sugar*, 51:115-118.

Kapoor Vibhu, Singh U., Patil, S. K., Magre, H., Shrivastava, L. K., Mishra, V. N., Das R. O., Samadhiya, V. K., Sanabria, J. e R. Diamond (2008). Rice growth, grain yield and nutrient dynamics during flooding as a function of method and amount of nutrient applied. *Agronomy Journal* **100**(3):526-536.

Lindt, J. H. (1953). Rice *fertilization Rice J.* **56** (7): 31-32.

Mahadkar, U. V., Ramteke, J. R., Patil, R. A., Shinde, P. P. e Kanade, V. M. (1998). Rice yield under the influence of phosphorus fertilizer sources and coating. *J. Maharashtra agric. Univ.* **23**(1):90-91.

Mahajan, G., Sardana, V., Brar, A. S. e Gill, M. S. (2004). Comparação dos rendimentos de grãos de variedades de arroz (*Oryza sativa* L.) de sementeira direta e transplantadas. *Haryana Journal of Agronomy*. **20**(1/2):68-70.

Maiti, S. (1973) Timings and rates of nitrogen application in direct sown wetland rice. Tese de doutoramento, Universidade de Kalyani, Índia.

Mangal Prasad e Rajendra Prasad (1980). Rice yield and nitrogen uptake as a function of variety, cropping method and new nitrogen fertilizers. *Nutrient cycling in agro-ecosystems*. **1**(4):207-213.

Mangat Ram, Hari Om, Dhiman, S. D. e Nandal D. P. (2006). Productivity and profitability of rice-wheat cropping system as a function of cropping practices and tillage. *Indian J. of Agronomy*, **51**(2):77-80.

Mendhe, J. T. P. S., Jarande, N. N. e Kanse, A. A. (2006). Efeito de briquetes, fertilizantes inorgânicos e orgânicos no crescimento e rendimento do arroz. *J. Soil and Crops* **16**(1):232-235.

Mishra, S., Pradhan, L., Rath, B. S. e Tripahti, R. K. (1998). Resposta do arroz de verão (Oryza sativa L.) a diferentes fontes de azoto. *Indian J.Agron.***43**(1):60-63.

Panse, V. G. e Sukhatme, P. V. (1967). Statistical methods for agricultural workers (Métodos estatísticos para trabalhadores agrícolas). 2ª ed. I. C. A. R., Nova Deli.

Pawar, L.G. (1997). "Paryavaranas marak aani shetkaryans hanikarak Rab padhati". Maharashtra Bhugol Parishadech Varshik Adhiveshan, realizado em Devrukh em dezembro de 1997.

Pawar, L. G. e V. S. Pandey (1993). "Rab, a técnica de aquecimento do solo para a criação de plântulas de arroz". Trabalho apresentado no Seminário Nacional sobre a Utilização de Tecnologias Indígenas para a Agricultura Sustentável, no Instituto Indiano de Investigação Agrícola, Nova Deli, Actas do 31º Congresso.

Pillai, M. G. (2004). Estudo comparativo do efeito da incorporação de Glyricidia, aplicação de fertilizantes e colocação em profundidade de UB-DAP no rendimento, utilização de nutrientes e recuperação de arroz híbrido Sahyadri. Tese de doutoramento M.Sc. (Agri.) apresentada ao Dr. V., Dapoli (não publicada) Índia (MS).

Piper C. S., (1956) Soil and plant analysis, Hanns publishers Bombay.pp:197-201.

Piper, C. S. (1956). Soil and plant analysis. Hans publishers Bombay, pp. 187-188.

Powar, S. L. e Deshpande, V. N. (2001). Efeito da agro-tecnologia integrada no arroz híbrido sahyadri em solos negros médios numa região de elevada pluviosidade. *J. Maharashtra agric. Univ.* **26**(3):272-276.

Prasad, R., Rajale G. B. e B. A. Lakhadive (1971). Nitrification retardants and long-acting nitrogen fertilizers. *Adv. Agronomie*. 23:337-383.

Prasad, R., Mahapatra, T. C. e H. C. Jain (1980). Relative efficiency of fertilizers for rice. *Fert. News*. **25**(9):13-18.

Rajgopalan, K., Balsubramaniam, Narayanaswamy (1971). Estudos sobre métodos de plantação de arroz em solos de poças. *Oryza* **8**(2):53-58.

Ramaiah, K. (1937). Rice in Madras, Superintendent Govt. Press, Madras.

Ramesh, S., Chandrasekaran, B. e Ravi, S. (2008) Influência das técnicas de estabelecimento e da gestão do azoto na absorção de nutrientes, na fertilidade do solo e na economia do arroz híbrido CoRH 2. *International Journal of Plant Sciences Muzaffarnagar*. **3**(2):357-365.

Rao, M. V. e Pradhan, S. N. Textbook of Rice Production Manual.101-103.

Ravisankar, N., Raja, R., Din, M., Elanchezhian, R., Swarnam, T. P., Deshmukh, P. S. e Chaudhuri, S. G. (2008) Influência das variedades e dos métodos de estabelecimento das culturas no potencial de produção, económico e energético do arroz de semente húmida (Oryza sativa) no ecossistema insular. *Indian Journal of Agricultural Sciences*. **78**(9):807-809.

Saharawat, Y. S., Bhagat Singh, Malik, R. K., Jagdish K. Ladha, Gathala, M., Jat, M. L. e V. Kumar (2010) Avaliação de métodos alternativos de lavoura e estabelecimento de culturas numa rotação de pastagens de arroz no noroeste da IGP. Online Cerajccc.

Sanjay, M. T., Prabhakar Shetty, T. K. e H. V. Nanjappa (2006). Estudo sobre a influência das práticas culturais e dos métodos de monda na produtividade e rentabilidade do arroz. *Mysore J. Agril. Sci.* **42**(1):60-66.

Santhi, P., Ponnuswamy, K., Muthukrishnan, P. e Kempu Chetty, N. (1998). Influência de diferentes métodos de cultivo no rendimento e na rendibilidade do arroz. *Oryza*, **35**(3):282-284.

Sarawate, C. D., Kumbhar, S. D. e Jadhav, V. R. (2007). Resposta de variedades de arroz a fontes de nutrientes orgânicos e inorgânicos em condições de transplante. *Revista Internacional de Ciências Agrícolas*. **3**(2):101-103.

Savant, N. K., Dalvi, S. e Dhane, S. S. (2000). Sistema integrado de gestão de nutrientes para arroz transplantado. *Oryza*. **37**(1):80-81.

Sharma, S. K., Pandey, D. K., Gangwar, K. S. e Tomar, O. K. (2005). Effect of cultural practices on the performance of rice varieties and their impact on wheat following them. *Indian J. of Agronomy*. **50**(4):253-255.

Sharma, M. K., Sharma, R. P. e Rajeev-Kumar (2007). Productivity and profitability of rice-wheat cropping system under the influence of cultivation and tillage practices (Produtividade e rentabilidade do sistema de cultivo arroz-trigo sob a influência de práticas de cultivo e lavoura). *Jornal de biologia aplicada*. **17**(1/2):56-60.

Shinde, J. E. e Datta, N. P. (1964). Estudo de traçadores com P32 para a nutrição de fósforo do arroz de terras baixas sob a influência do azoto e da sílica. *Bull. Nat. Inst. Sci.* India 26:279-284.

Singh, Y. P., Siwach, M. S. e Rathi, S. S. (1973). Estudo comparativo dos métodos de plantação de arroz na região de Tarai do Uttar Pradesh. *Indian J. Agron.* **18**(3):269-274.

Singh, U. P. (1997). Estudos sobre o controlo de ervas daninhas e o estabelecimento de plantas em ecossistemas de arroz alimentados pela chuva com estagnação média da água. *Indian J. Weed Sci.* **29**(1 e 2):46-49.

Singh, R. P., Singh, C. M. e Singh, A. K. (2003). Effect of cultural practices, weed control and nitrogen allocation on rice and associated weeds. *Indian J. weed sci*. **35**(1 e 2):33-37.

Singh, Parmeet e Singh, S. S. (2006). Efeito dos métodos de cultivo, nível de fertilidade e métodos de controlo de ervas daninhas no arroz aromático. *Indian J. Agronomy*, **51**(4):288-292.

Singh, Y. P., Govindra Singh, Singh, S. P., Kumar, A., Sharma, G., Singh, M.K., Mortin Mortimer e Johnson D. E. (2006). Efeito da gestão das infestantes e das práticas culturais na dinâmica das infestantes e no rendimento de grãos de arroz. *Indian J. Weed Sci.* **38**(1 e 2):20-24.

Singh, G., Singh, O. P., Kumar, V. e Kumar, T. (2008). Efeito do método de cultivo e da lavoura na produtividade do sistema de cultivo arroz-trigo em terras baixas. *Indian J. of Agril. Sci.* **78**(2): 163-166.

Subbiah B. V. e Asiji G. L. (1956). Um método rápido para determinar o azoto disponível no solo. *Science actuelle* 25: 258-260.

Talashilkar, S. C., Dalvi, A. S., Dhane, S. S. e Savant, N. K. (1992). Agronomic performance of urea briquettes enriched with diammonium phosphate on rainfed rice in Konkan. Seminário nacional sobre estratégias para a agricultura costeira no século XXI. Soc. Indiana de Agri. Research.

Talashilkar, S. C., Savant, D. S., Dhamapurkar, V. B. e Savant, N. K. (2000). Rendimento do arroz e absorção de nutrientes sob a influência da utilização integrada de escória de silicato de cálcio e UB-DAP em solos lateríticos ácidos. *J. Indian Soc. Soil Sci.* **48**(4):847-849.

Tondan, H.L.S. (1992). Non-traditional sectors for fertilizer use. FDCO, Nova Deli, p. 132.

Walkely A. e Black C. A. (1934) Estimation of organic carbon by the chromic acid titration method. *Ciência do Solo* 37:29-38

Yadav, V. e B. Singh (2006). Effect of cultivation method and weeding practices on rice and associated weeds. *Indian J. of Agronomy*, **51**(4):301-303.

Yadao, A. C. e Zamora, O. B. (2007). Comparação entre o sistema de intensificação do arroz e a produção convencional em Ilocos Norte, Filipinas. Philippine *Journal of Crop Science*, **32**(2):99-107.

APPENDIX I

Custos de entrada para o cálculo da rentabilidade dos tratamentos

Sr. Não.	Detalhes	Unidade	Preço (Rs.)
1	**Salários**		
	a) Homem	Rs/dia	120
	b) Mulheres	Rs/dia	100
2	**Sementes**	Rs/kg	15
3	**Trator agrícola**	Rs/hora	300
4	**Fertilizantes agrícolas**	Rs/t	1500
5	**Fertilizantes**		
	a) ureia	Rs/kg	5.60
	b) Superfosfato simples	Rs/kg	4.40
	c) Murat de Kali	Rs/kg	5
	d) Briquetes de ureia-DAP	Rs/kg	14
	e) Briquetes de sufala de ureia	Rs/kg	14
7	**Preços dos produtos**		
	a) Produto principal (cereais)	Rs/q.	1100
	b) Subproduto (palha)	Rs/q.	100

APPENDIX II

ABREVIATURAS E TERMOS LOCAIS UTILIZADOS

%	Percentagem
/	por
@	Com uma taxa de
-1	por
Anónimo	Anónimo
B : C	: relação custo/benefício
C. D.	Diferença crítica
Ca	Cálcio
cm	centímetro (s)

cv	Variedades
COC	Oxicloreto de cobre
DAS	Dias após a sementeira
DAP	Fosfato de diamónio
dsm^2	Decímetro quadrado
et al.	e outros
etc.	et cetra
Fe	Ferro
Freq.	
Fig.	Frequência
Par.	Figura Noite
FYM	Fertilizantes agrícolas
G.	Gaetrn
g ha	Gramas (s) Hectare
ou seja	Isto significa que
K	Potássio
K2O	Óxido de potássio
Kg	Quilograma (s)
m	Contador
M.S.	Maharashtra

Máximo.	Máximo
Min.	Mínimo
mm	Milímetro
MSL	Nível médio do mar
MT	Tonelada métrica (s)
N	Nitrogénio
Não.	Número(s)
N.S. C°	Não significativo
	Graus Celsius
P	Fósforo
P2O5	Pentaóxido de fósforo
ppm	partes por milhão
q	Quintal (s)
R. P.	Fosfato bruto
FTR	Dose recomendada de fertilizante
RH	Humidade relativa do ar
Rs.	Rúpia Significativo
Sig.	Erro padrão
S. E.	
SRI	Sistema de intensificação do arroz
SSP	Superfosfato simples
Reg. n.º.	Número de série
t	Tonelada (s)
UB	Briquetes de ureia
var.	Variedades
para saber mais	O que precisa de saber

Printed by Books on Demand GmbH, Norderstedt / Germany